U0829720

职业教育创新型系列教材

电子技术基础与技能

主　编:冯　璐　韩艳茹　焦宝玉
副主编:艾明祥　姚　勇　贾俊霞

天津大学出版社
TIANJIN UNIVERSITY PRESS

图书在版编目（CIP）数据

电子技术基础与技能 / 冯璐，韩艳茹，焦宝玉主编 ； 艾明祥，姚勇，贾俊霞副主编. -- 天津 ： 天津大学出版社，2025. 1. --（职业教育创新型系列教材）.

ISBN 978-7-5618-7842-2

Ⅰ. TN

中国国家版本馆CIP数据核字第20245DY927号

出版发行 天津大学出版社
地　　址 天津市卫津路92号天津大学内（邮编：300072）
电　　话 发行部：022-27403647
网　　址 www.tjupress.com.cn
印　　刷 河北鑫彩博图印刷有限公司
经　　销 全国各地新华书店
开　　本 787mm×1092mm　1/16
印　　张 12.75
字　　数 318千
版　　次 2025年1月第1版
印　　次 2025年1月第1次
定　　价 48.50元

本书编委会

主　编：冯　璐　韩艳茹　焦宝玉

副主编：艾明祥　姚　勇　贾俊霞

主　审：顾学福

前　言

在科技飞速发展的今天，电子技术作为现代科技的重要支柱，已经深入我们生活的方方面面。从家用电器到航天器，从智能手机到超级计算机，电子技术的身影无处不在。为了帮助读者更好地掌握电子技术的基础知识和应用技能，我们编写了这本《电子技术基础与技能》。

本书依据教育部颁布的《中等职业学校电子技术基础与技能教学大纲》，同时参照有关的国家职业技能标准和行业职业技能鉴定规范编写而成。本书采用了新型活页式、工作手册式和融媒体相结合的编写形式，以任务驱动为主线，运用“理实虚”一体授课模式，促进理论知识的理解；通过典型电路分析、安装、调试过程，将理论知识应用到实践中，提高解决实际问题的能力。

“电子技术基础与技能”是电类及相关专业的基础课程，面向电子信息类、电气电力类等专业，介绍必备的电子技术基础知识和基本技能，支撑后续专业课程的学习，为学生职业生涯发展与终身学习奠定基础；同时面向多个相关岗位群、职业群，涉及能源类、加工制造类、信息技术类等多个行业。

本书在编写的过程中吸收了先进的教学经验和当前中职教学改革成果，具有以下几个特点。

以项目为载体，将电子技术的基本概念、基本原理和基本技能融入每一个具体的项目中；在项目的选取上紧密联系与生产生活实际相关的产品，反映电子技术发展的新技术、新方法、新器件和新工艺，突出集成电路和基本电子仪器仪表的应用。

坚持以习近平新时代中国特色社会主义思想引领教材建设，提升教材的思想性、科学性、时代性。融入国家战略与家国情怀素材、伟大的科学家及优秀工匠案例，增强学生的民族自豪感，激发学生的学习热情；培养学生勇于探索的科学精神和精益求精的工匠精神，增强学生的爱国主义情怀，落实立德树人的根本任务。

以学生为中心，突出实用性、实践性和职业性。在知识点和技能点的安排上不单单考虑知识结构问题，还加强了电路制作和调试等工程应用背景的实用性内容，强化学生与职业岗位对接的能力，激发学生的学习兴趣。通过仿真技术应用促进传统课堂教学模式的改革，增强学生的信息意识，鼓励学生自主学习，提高教学效果。

适应现代化教育技术的发展趋势，积极开发具有示教辅学功能的教学资源。本书配有教学视频、仿真技术等数字化教学资源，以二维码的形式穿插于对应内容中，还配套了电子课件、习题答案等教学资源，为教师教学和学生自主学习提供便利。

总之，本书是一本系统、全面、实用的电子技术学习教材。我们希望通过本书的学习，读者能够掌握电子技术的基础知识和应用技能，为未来的学习和工作打下坚实的基础。同时，我们也希望读者能够在学习的过程中感受到电子技术的魅力，激发他们对科技创新的热情，为社会的进步和发展做出贡献。

本书由冯璐、韩艳茹、焦宝玉老师担任主编，艾明祥、姚勇、贾俊霞老师担任副主编，王鑫荣、王永艳、张建永老师参与编写。具体编写分工如下：冯璐负责拟定全书框架结构、校对、修订和定稿；韩艳茹负责编写学习情境 3、学习情境 7；焦宝玉负责编写学习情境 4、学习情境 5；艾明祥负责全书电路的制图、打板、装接等；姚勇负责编写学习情境 1；贾俊霞负责编写学习情境 6；王鑫荣负责编写学习情境 8；王永艳负责编写学习情境 2；陕西省电子信息学校顾学福担任本书主审工作。

由于编者水平有限，书中难免存在一些错误和疏漏，敬请广大师生批评指正，以便我们修改完善。

编者

2024 年 7 月

目　录

学习情境 1

手机充电器的制作与调试

手机充电器是一种将电能转换为手机电池能量的关键设备，它的制作涉及电子技术、材料科学和制造工艺等多个领域。通过本模块的学习，您将掌握如何制作一个具有基本功能的手机充电器，包括电路设计、元件选择和装配、测试与优化等。同时，希望本模块的学习能够为您在相关领域的学习与实践提供一定的帮助。手机充电器的实物如图 1-1 所示。

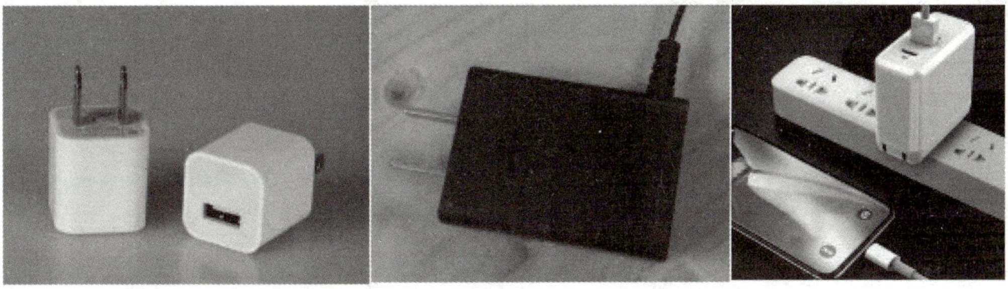

图 1-1　手机充电器的实物

学习目标

【知识目标】

1. 掌握手机充电器的电路设计和元件选型的基本原理和方法；
2. 学会使用常见的电子测量仪器进行电路调试和性能测试；
3. 掌握基本的电子元器件的识别、检测与焊接技能；
4. 能够根据实际需求，设计制作出一个符合要求的手机充电器。

【能力目标】

1. 能用万用表判别二极管的引脚极性和质量优劣；
2. 通过示波器观察电路中各点的波形，进一步熟悉各部分电路的作用及工作原理；
3. 能在实际电路图中识读各部分电路，通过估算，合理选择各元件的参数；

4. 会安装和调试完整的直流稳压电源电路；

5. 会判断并检修集成稳压电源的简单故障；

6. 能使用 Multisim 或高版本电路软件绘制模拟电路图，正确连接电子元器件、仪器仪表，进行电路参数测试和仿真试验。

【素养目标】

1. 通过项目的分组实施培养学生的团队合作精神；

2. 严谨求实，团队成员研讨分析与有效合作；

3. 通过课外收集资料、拟定方案等活动培养学生自主探究的学习习惯；

4. 自主、安全地按照操作规程进行电路模拟仿真、连线及测试；

5. 自觉保持、维护实训室卫生、环境安全等要求。

知识导图

手机充电器电路知识导图如图 1-2 所示。

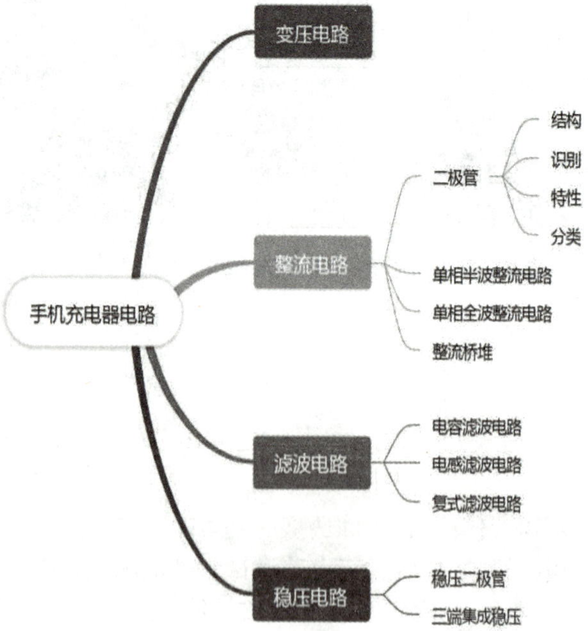

图 1-2　知识导图

任务书

任务书

专业班组		班长		日期	
学习任务：手机充电器是一种常见的电子设备，用于给手机等移动设备充电。本项目要求设计一个简易的手机充电器的电路。 设计要求：基于以上项目背景，设计一个满足以下要求的手机充电器电路。 输入电压：AC 100~240 V，50/60 Hz。 输出电压：DC 5 V					
检查意见：					
签章：					

任务分组

学生任务分配表

组长	职责			
组员	姓名	任务	姓名	任务

获取信息

引导问题 1：请填写手机充电器电路的电路框图。

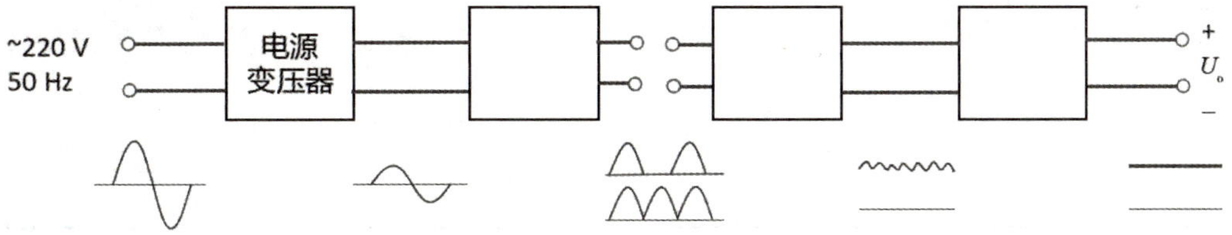

引导问题 2:根据上面框图分析各个步骤的作用。

电源变压器:______________________________

第二个框:______________________________

第三个框:______________________________

第四个框:______________________________

U_o:______________________________

引导问题 3:看图识别元器件。

 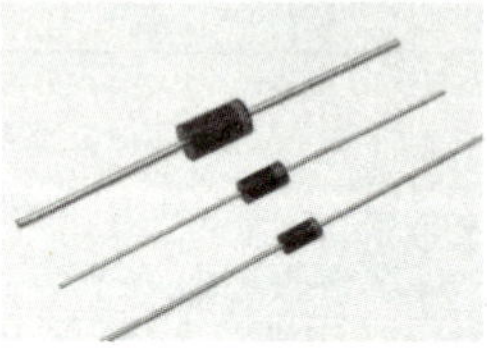  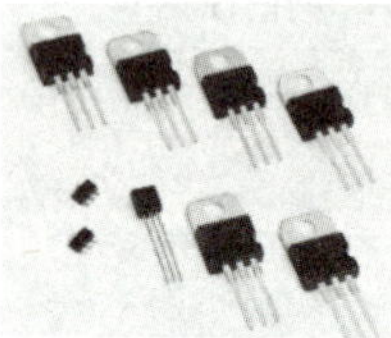

(　　)　　(　　)　　(　　)　　(　　)

引导问题 4:电路装配工具有哪些?(　　)

A. 螺丝刀　　B. 斜口钳　　C. 尖嘴钳　　D. 电烙铁

E. 铅笔　　F. 美工刀

引导问题 5:数字万用表测量电阻的步骤。

①将黑表笔插进"______"孔,红表笔插进"________"孔中。

②把旋钮打到"_______"量程适当的位置。

③分别用黑红表笔接在电阻两端金属部位,读取显示屏上显示的数据。测量中可以用手接触电阻,但______(要或不要)把手同时接触电阻两端,因为人是导体,这样会影响测量精确度。读数时,要保持表笔跟电阻两端金属部位是接触的。

引导问题 6:二极管 1N4148 正向导通电压是______V,红色发光二极管的导通电压是______V,绿色发光二极管的导通电压是______V。

引导问题 7:三端稳压 7805 加散热片的原因是______________________________。

引导问题 8:请画出共阳极七段数码管电路图。

引导问题 9:请画出发光二极管的电源指示灯电路原理图。

引导问题 10:请写出电源滤波电容选择方法。

______

______

工作计划

1. 制定工作方案。

(　　　　　　)工作方案

步骤	工作内容	负责人
1		
2		
3		
4		
5		
6		
7		
8		
9		

2. 写出直流稳压电源的工作原理。

______

______

______

______

______

______

3. 列出仪表、工具、耗材和器件清单。

仪表、工具、耗材和器件清单

序号	名称	型号与规格	单位	数量	备注

4. 请画出手机充电器的布置图、接线图。

进行决策

1. 各组派代表阐述设计方案。

2. 各组对其他组的设计方案提出自己不同的看法并记录。

3. 教师结合大家完成的情况进行点评，选出最佳方案。

工作实施

（1）根据知识链接中的步骤对电路进行仿真操作（扫二维码观看仿真过程）；完成后进行截屏，录屏，并上交作品；电路原理图如图 1-3 所示。

手机充电器电路设计仿真　　手机充电器电路装配　　手机充电器电路调试与测量

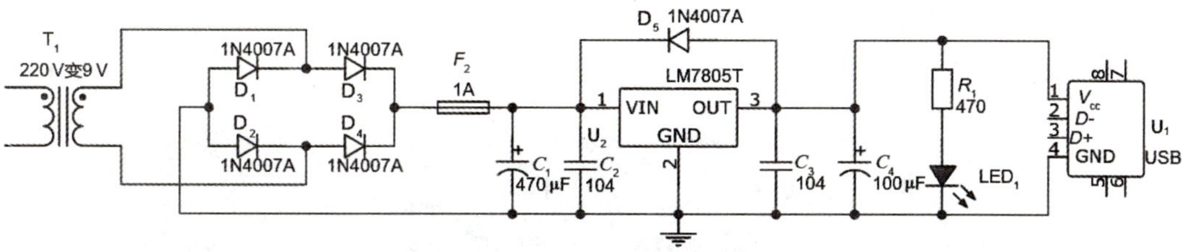

图 1-3 手机充电器电路原理图

（2）按照本组制定的计划（最佳方案）实施手机充电器电路安装。

①领取元器件及材料，元器件清单如表 1-1 所示。

表 1-1 元器件清单

序号	名称	编号	封装	数量	备注
1	电解电容 470 μF	C_1	CAP-D3.0 × F1.5	1	
2	电容 104	C_2,C_3	RAD-0.1	2	
3	电解电容 100 μF	C_4	CAP-D3.0 × F1.5	1	
4	1N4007A	D_1,D_2,D_3,D_4,D_5	DO-41_BD2.4-L4.7-P8.70-D0.9-RD	5	
5	LED-TH-3 mm_R	LED_1	LED-TH_BD3.0_RED	1	
6	电阻 470	R_1	R_AXIAL-0.3	1	
7	变压器 220 V 变 9 V	T_1	XFMR-SMD_PE-68386NLT	1	
8	保险丝 1 A	U_1	FUSE-TH_BD5.8-L22.5-P26.50-D0.7	1	
9	LM7805T	U_2	TO-220-3_L10.0-W4.5-P2.54-L	1	
10	USB	U_5	USB-A-TH_USB-AF-DIP-540-HW	1	

②检查元器件。元器件的选型及检测需先对元器件进行选配，保证元器件的完好性；每组对所选配元器件进行一一检查核对；印制电路板（Printed Circuit Board，PCB）装配前也需进行检测。

③ PCB 板的焊接装配。元器件安装顺序遵循先小后大、先低后高、先里后外的原则。注意元器件的正负极，比如二极管的正负极性，电解电容的正负极性，三端稳压芯片的方向等。手机充电器 PCB 板实物图如图 1-4 所示。

（3）进行电路调试，步骤如下。

①检查电路。任何组装好的电子电路，在通电调试之前，必须认真检查电路连线是否有错误。对照电路图，按一定的顺序逐级对应检查。特别要注意检查电源是否接错，电源与地是否有短路，二极管方向和电解电容的极性是否接反，集成电路和晶体管的引脚是否接错，轻轻拔一拔元器件，观察焊点是否牢固，等等。

②通电观察。一定要调试好所需要的电源电压数值，并确定电路板电源端无短路现象后，才能给电路接通电源。电源一经接通，不要急于用仪器观测波形和数据，而是要观察是否有异常现象，如冒烟、异常气味、放电的声光、元器件发烫等。如果有，不要惊慌失措，应立

即切断电源，待排除故障后方可重新接通电源。然后，再测量每个集成块的电源引脚电压是否正常，以确保集成电路已通电工作。

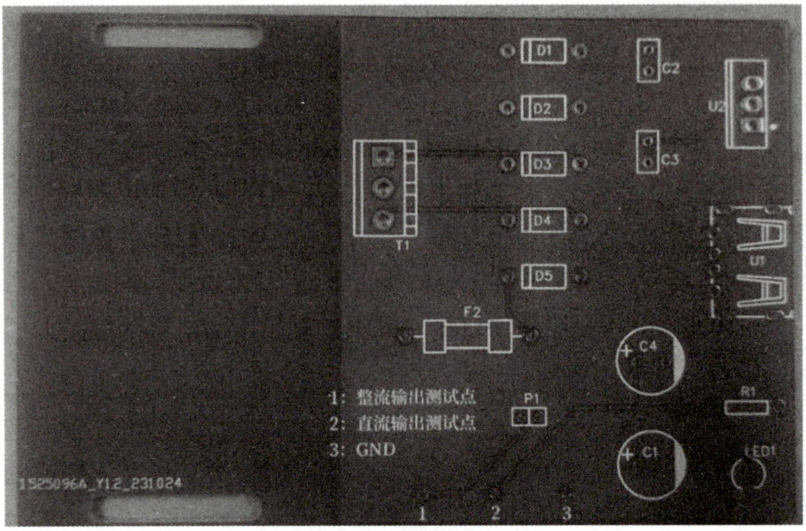

图 1-4　手机充电器 PCB 板实物图

③指标测试。对项目要求的技术指标进行测试并记录测试数据，对测试数据进行分析，最后作出测试结论，以确定电路的技术指标是否符合设计要求。如有不符，则应仔细检查问题所在，一般是对某些元件参数加以调整和改变。若仍达不到要求，则应对某部分电路进行修改，甚至要对整个电路重新加以修改。因此，在设计的全过程中，要认真、细致，考虑问题也要周全谨慎。尽管如此，出现局部返工也是难免的。

评价反馈

各组代表展示作品，介绍任务的完成过程。作品展示前准备阐述资料，填写阐述项目表，并完成下列评价表。

学生自评表

任务	完成情况记录
任务是否按计划时间完成	
相关理论完成情况	
技能训练情况	
任务完成情况	
任务创新情况	
材料上交情况	
收获	

学生互评表

序号	评价项目	小组互评	教师评价	总评
1	任务是否按时完成			
2	材料完成上交情况			
3	作品质量			
4	语言表达能力			
5	小组成员合作面貌			
6	创新点			

教师评价表

序号	评价项目	自我评价	互相评价	教师评价	综合评价
1	学习准备				
2	引导问题填写				
3	规范操作				
4	完成质量				
5	关键操作要领掌握				
6	完成速度				
7	5S 管理、环保节能				
8	参与讨论主动性				
9	沟通协作				
10	展示汇报				

注：评价等级统一采用 A（优秀）、B（良好）、C（合格）、D（努力）四级。

学习情境的相关知识点

知识点 1：二极管

一、二极管的结构与符号

1. 二极管的结构

二极管是一种用半导体材料（硅或锗）制成的器件。它有两根引线，一根叫正极，一根叫负极，如图 1-5（a）所示。二极管的导电性质很特殊，它只允许电流从它的正极流向负极，因此具有单向导电特性。

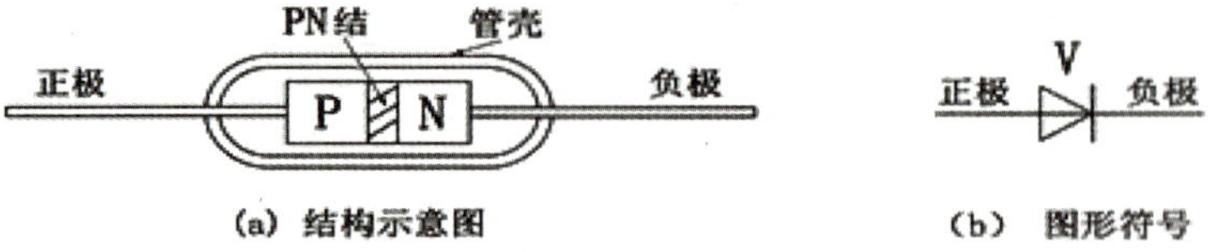

图 1-5　二极管结构图

2. 二极管的符号

二极管在电路中用文字符号 V 或者 VD 表示，二极管的图形符号如图 1-5（b）所示。

二、二极管的种类

半导体二极管的类型很多，常见的二极管外形如图 1-6 所示。

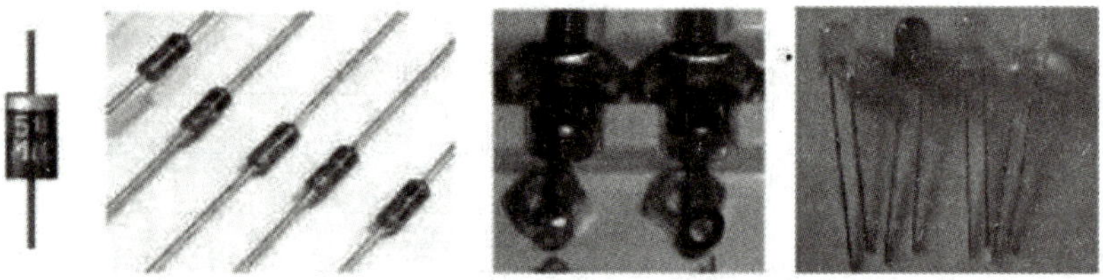

图 1-6　常用二极管的实物图

按材料分类，二极管可分为硅管和锗管；按内部结构分类，二极管可分为点接触型、面接触型和平面型等；按用途分类，二极管又可分为普通管、整流管、检波管、开关管及各种特殊功能的二极管。以下介绍几种常用的具有特殊功能的二极管。

（1）稳压二极管。稳压二极管是一种利用 PN 结反向击穿特性制成的起稳压作用的二极管，广泛应用于稳压电源和限幅电路中，符号如图 1-7（a）所示。

（2）发光二极管。发光二极管在半导体中掺入特殊的杂质。当它导通时，会发出各种颜色的光，常用作显示器件，也可制成照明灯具，符号如图 1-7（b）所示。

（3）光电二极管。光电二极管也称为光敏二极管，是将光信号转变成电信号的常用器件，可用于对光的测量，符号如图 1-7（c）所示。光敏二极管广泛应用于遥控报警及光电传感器中。另外，大面积的光电二极管能将光能直接转换为电能，可作为一种能源，称为光电池。

图 1-7　特殊功能二极管

三、二极管的伏安特性与主要参数

二极管的伏安特性与主要参数

1. 二极管的伏安特性

二极管的伏安特性是指二极管端电压与通过的电流之间的关系。根据这一关系画出的曲线称为伏安特性曲线,如图 1-8 所示。

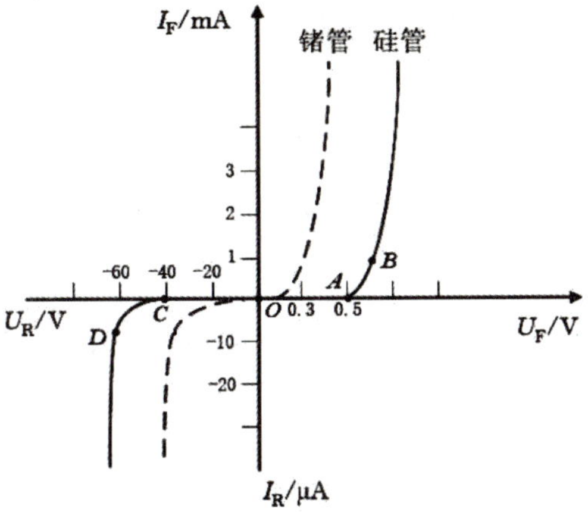

图 1-8 二极管的伏安特性曲线

二极管的伏安特性存在四个区:死区、正向导通区、反向截止区、反向击穿区。

1)正向特性

(1)死区电压:当二极管加上一定的正向电压时,会产生正向电流。图 1-8 中 A 点电压称为死区电压。通常,锗管约为 0.1 V,硅管约为 0.5 V。

(2)正向导通区:当加正向电压超过死区电压时则导通(图 1-8 中 B 点以后曲线的区域),该区为正向导通区。

2)反向特性

(1)反向截止区:加一定反向电压时反向电流很小,图 1-8 中的 OC 段,PN 结截止。此电流称为反向饱和电流(用符号 I_S 表示)。通常,硅管为 1 微安到几十微安,锗管为几十微安到几百微安。

(2)反向击穿区:当加反向电压大于管子反向承受电压时,PN 结反向击穿。图 1-8 中反向电流在 D 点处突然增大。发生击穿时的电压称为反向击穿电压(用符号 U_{BR} 表示)。不同类型的管子,反向击穿电压值不同,通常为几十伏到几百伏,甚至数千伏。

2. 二极管的主要参数

不同用途的二极管,其参数是不一样的。以整流二极管为例,其主要参数有以下三个。

(1)最大整流电流 I_{FM}:二极管长时间使用时,允许流过二极管的最大正向平均电流值。

(2)最高反向工作电压 U_{RM}:二极管长期运行时,允许承受的最高反向电压,一般取反向击穿电压值的一半。

(3)最大反向电流I_{RM}:二极管加上最高反向工作电压时的反向电流值。

上述参数都与温度有关,所以只有在规定的散热条件下,二极管才能在长期运行中保证参数稳定,正常工作。

四、二极管的检测

对于标识不清的二极管,可以用万用表来判别其材料类型和引脚极性,同时也可检测其质量优劣。

知识点2:整流电路

单相整流电路

一、单相整流电路的构成和基本原理

1. 电路的构成

单相半波整流电路如图1-9所示。它由整流二极管VD及负载电阻R_L组成。

2. 电路的工作原理

设整流二极管VD为理想状态,当电路输入端输入交流信号u_2时,波形如图1-10所示。在u_2的正半周,二极管VD加正向电压而导通,负载电阻有从上而下的电流,在u_2的负半周,二极管VD加反向电压而截止,负载电阻上没有电流。整个周期内,负载电阻上只有单一方向的电流,负载电阻的电流为直流电。

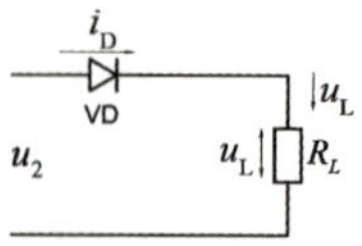

图1-9　单相半波整流电路图

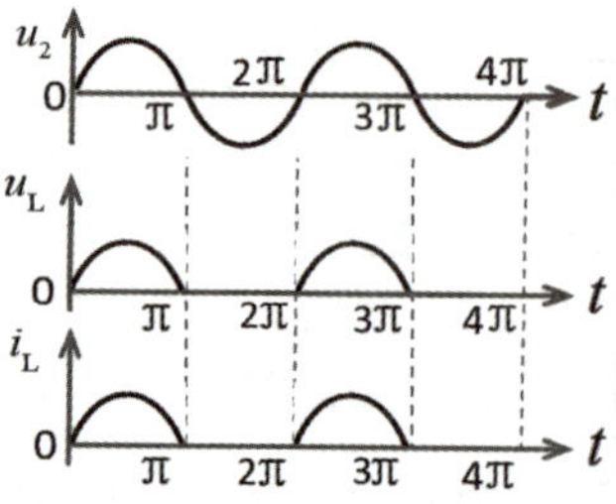

图1-10　波形图

此时,可以看出它们的大小是波动的,但方向不变。这种大小波动、方向不变的电压和电流,称为脉动直流电(它的波形不平滑,通常称为含有交流成分或纹波成分)。由u_L的波形可见,这种电路仅利用了电源电压u_2的半个波,故称为半波整流电路,它输出的是半波脉动直流电。显然,它的缺点是电源利用率低且输出电压脉动大。

3. 负载和整流二极管上的电流和电压

半波整流输出的电压或电流是用半波脉动直流电压或电流的平均值表示的。负载两端电压U_L与U_2的关系是

$$U_L = 0.45U_2$$

式中，U_2 为变压器二次电压有效值。

负载上的直流电流 I_L：由图 1-10 可知，流过整流二极管的正向工作电流 I_V 和流过负载 R_L 的电流 I_L 相等，即

$$I_V = I_L = \frac{0.45U_2}{R_L}$$

当二极管截止时，它承受的反向峰值电压 U_{RM} 是 U_2 的最大值，即 $U_{RM} = \sqrt{2}U_2$。

选用半波整流二极管时应满足下列两个条件：

①二极管允许的最大反向电压应大于承受的反向峰值电压；

②二极管允许的最大整流电流应大于流过二极管的实际工作电流。

二、单相桥式整流电路的构成和基本原理

单相桥式整流电路

1. 电路的构成

单相桥式整流电路的电路图及波形图如图 1-11 和 1-12 所示，它是由 4 只二极管按桥式结构连接而成的。其中两只二极管（VD1、VD2）接成共阴极；两只二极管（VD3、VD4）接成共阳极。

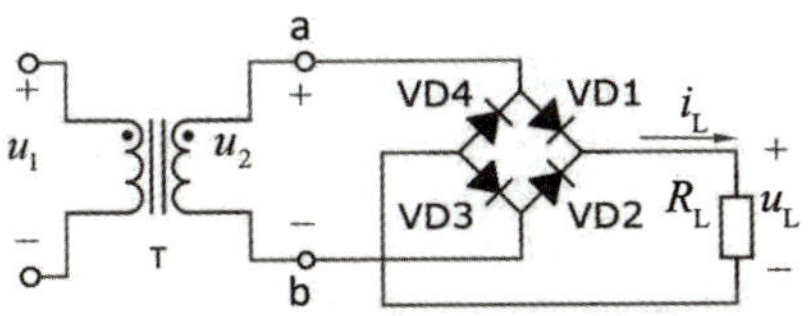

图 1-11　单相桥式整流电路图

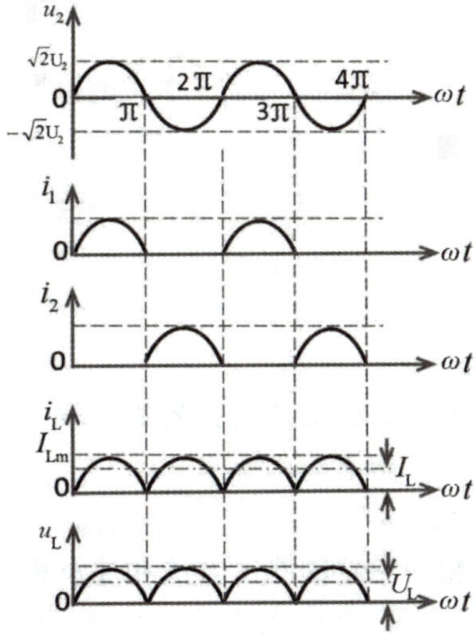

图 1-12　单相桥式整流电路波形图

2. 电路的工作原理

利用二极管的单向导电特性，在交流输入电压 u_1 的正半周内，二极管 VD1、VD3 导通，VD2、VD4 截止，在负载 R_L 上得到上正下负的输出电压，其电流流向如图 1-13（a）所示。

在 u_1 负半周内正好相反，VD1、VD3 截止，VD2、VD4 导通，流过负载 R_L 的电流方向与正半周一致，如图 1-13（b）所示。在交流电源的正、负周期内，整流电路的负载上都有方向不变的脉动直流电压，其波形图如图 1-12 所示。

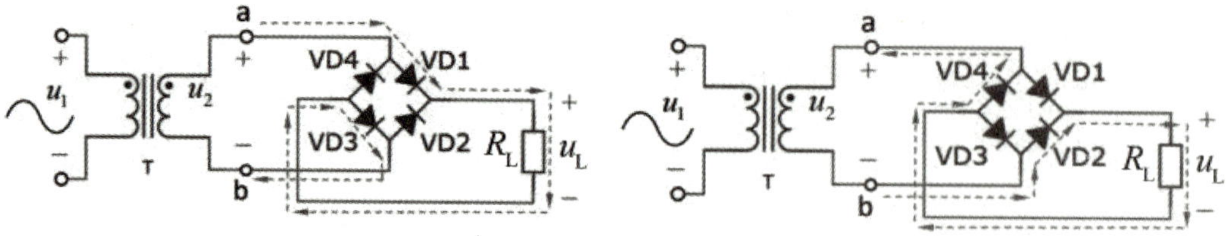

图 1-13　整流电路电流流向图

3. 负载和整流二极管上的电流和电压

由以上的讨论可知，桥式全波整流电路负载 R_L 上得到的都是全波脉动直流电，波形如图 1-12 所示，全波整流电路的输出电压比半波整流电路的输出电压增加一倍，所以负载上的平均电流为

$$I_L = \frac{0.9U_2}{R_L}$$

桥式整流电路中，每个二极管在电源电压变化一周期内只有半个周期导通，因此，每个二极管的平均电流值是负载电流的一半，即

$$I_V = \frac{1}{2}I_L$$

每个二极管在截止时承受的反向峰值电压是 U_2 的峰值。即

$$U_{RM} = \sqrt{2}U_2$$

桥式全波整流电路与半波整流电路相比，所使用的整流二极管增多了，但电源的利用率提高一倍，电压脉动程度减小了，随之变压器的利用率也提高了，因而获得广泛的应用。大家常用的一般是由 4 只单个二极管封装在一起的元件，取名桥式整流二极管，也称整流桥、整流堆或全桥二极管。

4. 整流二极管或整流桥的选取

整流二极管一般为平面型硅二极管，用于各种电源整流电路中。选用整流二极管时，主要应考虑其最大整流电流、最大反向工作电压、截止频率及反向恢复时间等参数。

5. 整流电路的测试方法和注意事项

(1)按照电路图搭接桥式整流应用电路，在整流电路输入端输入交流电压信号，如(50 Hz、20 V)的正弦信号。

(2)方法一：用示波器观察输入与输出电压的波形变化情况，是否符合图 1-12 的变化规律。方法二：用万用表的交流电压挡测量值 u_2 的有效值 U_2，用万用表的直流电压挡测量 u_L 的平均值 U_L，观察交流有效值和平均值是否接近。

(3)注意事项：搭接电路时注意整流二极管的极性，避免发生短路，烧毁元件；用示波器测量整流电路输出信号时，其波形为直流纹波波形。

知识点 3:滤波电路

滤波电路

一、滤波电路

1. 电容滤波电路

电容器是一种储能元件。充电时,电容器两端的电压逐渐升高,直到接近充电电压的最大值;放电时,电容器两端的电压逐渐降低,直到完全消失。电容器的容量越大、负载电阻的阻值越大,充电和放电时电容器两端电压的变化越小。电容器两端电压不能突变的这种特性,正好可以用来承担滤波的任务。电容滤波电路是将电容器接在整流电路后面,与负载并联,如图 1-14 所示。

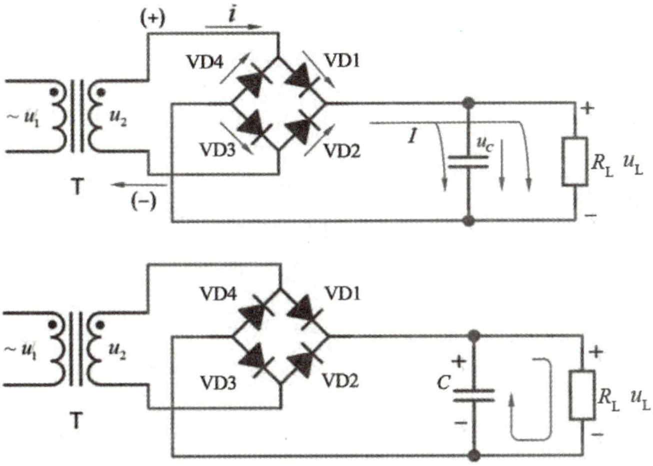

图 1-14　电容滤波电路

1)工作原理

图 1-15 所示为单相桥式整流电容滤波电路的输出电压波形。电容 C 接入电路,假设开始时电容上的电压为零,接通电源后 U_2 从零开始增大,整流输出的电压在向负载 U_L 供电的同时,也给电容 C 充电。当充电电压达最大值 $\sqrt{2}U_2$ 后,开始下降,于是电容 C 开始通过负载电阻放电,维持负载两端电压缓慢下降,直到下一个整流电压波形的到来。如此循环下去,使输出电压的脉动成分减小,平均值增大,从而达到滤波的目的。

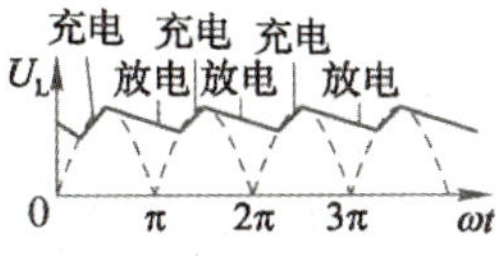

图 1-15　单相桥式整流电容滤波波形

接入滤波电容后,二极管的导通时间变短,电路的放电时间常数 τ($\tau = R_L C$)越大, C 放电速度就越慢,负载上得到的 u_L 就越平滑。

2)滤波电容的选择

根据前面分析可知,电容 C 越大,电容放电时间常数 $\tau=R_LC$ 越大,负载波形越平滑。一般情况下,桥式整流可按下式来选择 C 的大小,式中 T 为交流电周期。

$$R_LC \geqslant (3\sim5)\frac{T}{2}$$

滤波电容一般采用电解电容,使用时极性不能接反。电容器耐压应大于 $\sqrt{2}U_2$,通常取 $(1.5\sim2)U_2$。

桥式整流电容滤波输出直流电压

$$U_L=1.2U_2$$

例:一个桥式整流电容滤波电路,如图 1-14 所示,电源由 220 V、50 Hz 的交流电压经变压器降压供电,负载电阻 R_L 为 40 Ω,输出直流电压为 20 V,试求变压器二次电压 U_2,并估计滤波电容的耐压值和电容量。

解:(1)变压器二次电压

$$U_2=\frac{U_L}{1.2}=\frac{20}{1.2}\text{ V}\approx17\text{ V}$$

(2)当负载空载时,电容器承受最大电压,所以电容器的耐压值为

$$U_{CM}\geqslant\sqrt{2}U_2=\sqrt{2}\times17\text{ V}\approx24\text{ V}$$

电容器的电容量应满足 $R_LC\geqslant(3\sim5)T/2$,取 $R_LC=2T$,因此

$$C=\frac{2T}{R_L}=\frac{2}{40\times50}=1\ 000\ \mu\text{F}$$

可选用 1 000 μF/50 V 的电解电容 1 只。

滤波电容的电容量可根据负载电流的大小,参考表 1-2 进行选择。

表 1-2　滤波电容的选择

输出电流 I_L	2 A	1 A	0.5 ~ 1 A	0.1 ~ 0.5 A	100 mA 以下	50 mA 以下
电容量 C	4 700 μF	2 200 μF	1 000 μF	470 μF	200 ~ 500 μF	200 μF

注:此为桥式整流电容滤波输出直流电压 U_L=12 ~ 36 V 时的电压参考值。

在电容滤波电路中,R_L 越小,C 越大,电容 C 放电越慢,输出的直流电压越大,滤波效果越好,但是在采用大容量的滤波电容时,瞬间充电电流特别大,这种电流称为“浪涌电流”。同时,如果负载电流太大,电容放电的速度加快,会使负载电压变得不够平稳。电容滤波器只用于负载电流较小的场合。

2. 电感滤波电路

当负载电流较大时,电容滤波已不适合,这时可选用电感滤波。电感滤波电路是将电感元件与负载串联,接在整流电路后面。利用电感“通直流、阻交流”的作用达到滤波的目的。图 1-16 所示为桥式整流电感滤波电路,图 1-17 为桥式整流电感滤波电路输出波形图。

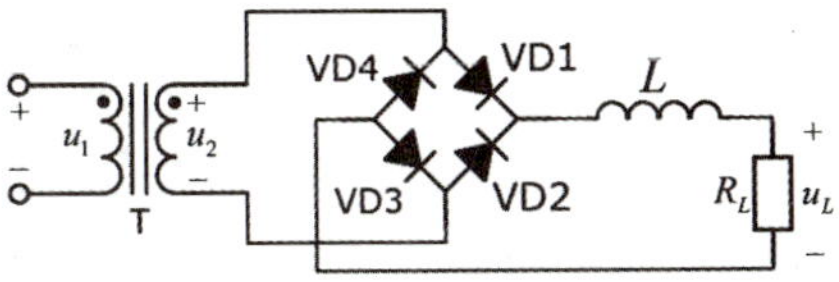

图 1-16　桥式整流电感滤波电路

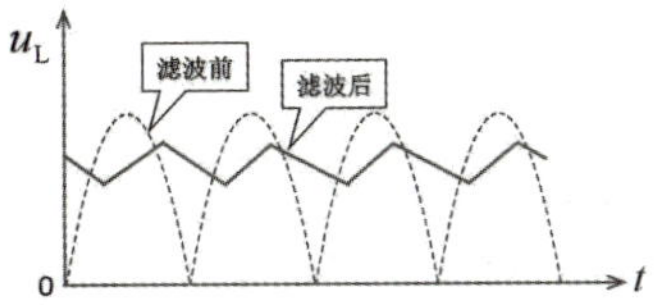

图 1-17　桥式整流电感滤波电路输出波形图

电感与电容同样具有储能作用。整流输出的电压中的直流分量几乎全部加在负载上，交流分量几乎全部落在电感元件上，负载上的交流分量很小，这样，经过电感滤波后，负载两端电压脉动程度大大减小。

电感滤波的峰值电流小，输出特性较平坦。但电感滤波输出电压较低，且由于存在铁心，使其笨重、体积大，易引起电磁干扰，因此，电感滤波一般只适用于低电压、大电流的场合。

一般来说，电感越大滤波效果越好，滤波电感常取几亨利到几十亨利。有的整流电路的负载是电机线圈、继电器线圈等电感性负载，就如同串入了一个电感滤波器，负载本身能起到平滑脉动电流的作用，这样可以不另外加滤波器。

3. 复式滤波电路

当单独使用电容或电感进行滤波，其效果仍不能达到要求时，可采用复式滤波电路。常用的复式滤波电路有 L 型和 π 型（LC-π 型、RC-π 型）两类，如表 1-3 所示。

表 1-3　滤波电路比较

类型	L 型滤波电路	LC-π 型滤波电路	RC-π 型滤波电路
电路组成	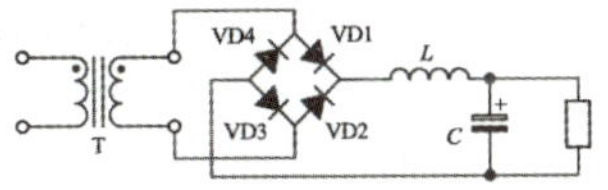	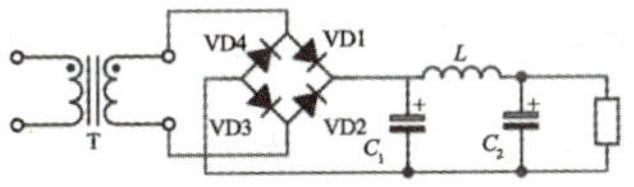	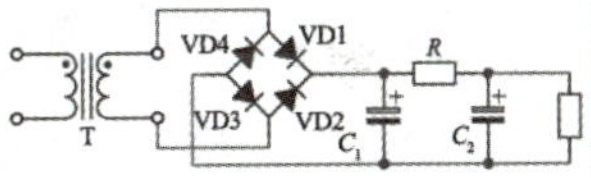
特点	优点：①电路滤波效率高，几乎没有直流电压损失；②适用于负载电流较大、要求纹波很小的场合。 缺点：电路体积大、笨重、成本高	电路滤波效果好，直流电压损耗小，常用在负载电流较大、对输出电压稳定度要求较高的场合	电路滤波效果好，成本低、体积小；R 有直流电压损耗，带负载能力较差，常用在负载较轻、对输出电压稳定度要求较高的场合

知识点 4：稳压电路

稳压电路是指在输入电网电压波动或负载发生改变时仍能保持输出电压基本不变的电源电路。稳压电源的分类方法繁多，按输出电源的类型分为直流稳压电源和交流稳压电源；按稳压电路与负载直流稳压电源的连接方式分为串联稳压电源和并联稳压电源；按调整管的工作状态分为线性稳压电源和开关稳压电源；按电路类型分为简单稳压电源和反馈型稳压电源，等等。

一、三端稳压集成电路

集成稳压器又叫集成稳压电路，是将不稳定的直流电压转换成稳定的直流电压的集成电路。由于集成稳压器具有体积小、精度高、性能优、工作可靠及使用方便等一系列优点，所以得到了广泛应用。

稳压电路

集成稳压器的种类很多。按引脚数可分为三端式和多端式，以三端式应用最广；按输出特点可分为三端固定正稳压器、三端固定负稳压器、三端可调正稳压器、三端可调负稳压器。

电路中常用的集成稳压器主要有 78×× 系列、79×× 系列、可调集成稳压器、精密电压基准集成稳压器等。

1. 三端固定式稳压器

电子产品中常见的三端固定式稳压器有正电压输出的 78×× 系列、负电压输出 79×× 系列等。

三端稳压集成电路输出电压由具体型号中的后面两个数字代表，有 5 V、6 V、8 V、9 V、12 V、15 V、18 V、24 V 等。输出电流以 78/79 后面加字母来区分：L 表示 0.1 A、AM 表示 0.5 A、无字母表示 1.5 A，如 78L05 表示 5 V、0.1 A。

1）78/79 系列引脚图

78/79 系列最常见的封装是 TO-220 和 TO-202 两种封装形式。图 1-18 和图 1-19 为 78/79 系列封装为 TO-220 时的引脚排列及功能。

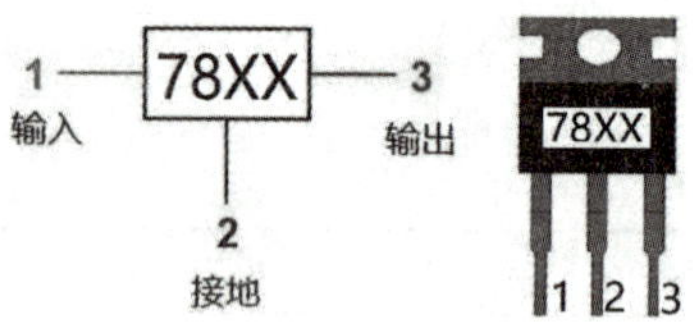

图 1-18　78×× 系列符号与引脚图

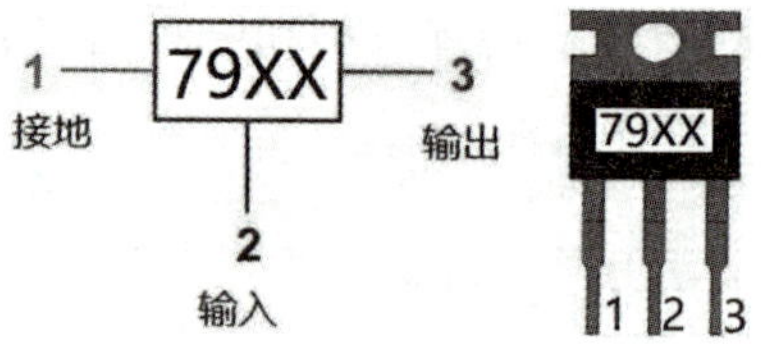

图 1-19　79×× 系列符号与引脚图

2）78×× 系列和 79×× 系列常用电路

三端固定稳压器的典型应用电路如图 1-20 所示。电路中，C_1 主要用来抵消输入端接线较长时的电感效应，防止自激振荡，一般取 0.1～1 μF；C_2 主要用来为电源信号进行滤波和稳定电压。

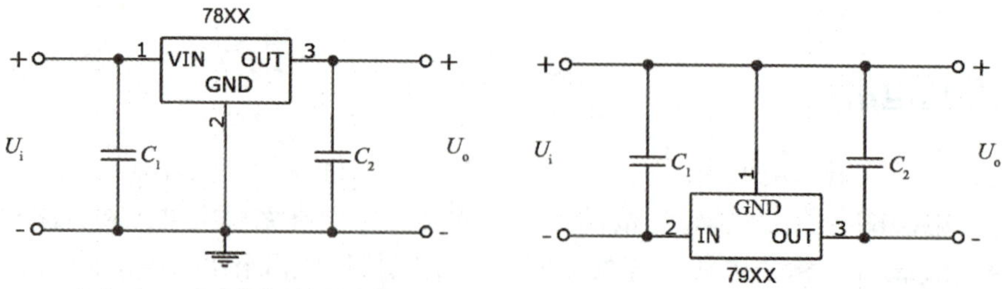

（a）78×× 系列的典型应用电路　（b）79×× 系列的典型应用电路

图 1-20　三端固定稳压器 78/79 系列典型应用电路

2. 三端可调式稳压器

三端可调集成稳压器的输入电流几乎全部流到输出端，流到公共端的电流非常小，因此可以用少量的外部元件方便地组成精密可调的稳压电路，应用更为灵活。

三端可调集成稳压器分正压输出和负压输出两种，国产主要型号有 CW317、CW337（与美国国家半导体公司的 LM317、LM337 的技术标准相近）。

1)LM317 引脚图

三端（输入端、输出端、电压调节端）可调式稳压器品种繁多，如正压输出的 317（217/117）系列、123 系列、138 系列、140 系列、150 系列；负压输出的 337 系列等。LM317 和 LM337 的封装形式为 TO-220 时引脚如图 1-21 和 1-22 所示。

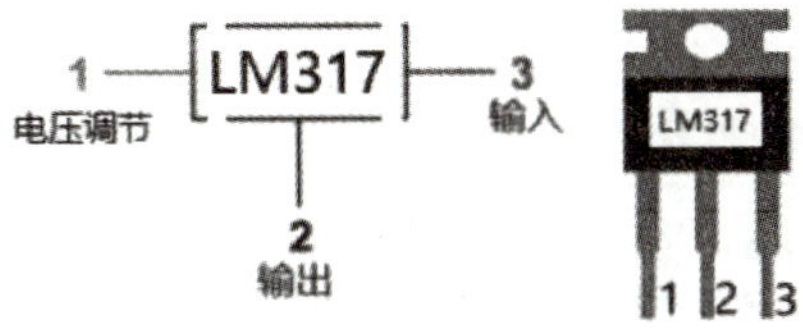

图 1-21　LM317 引脚图

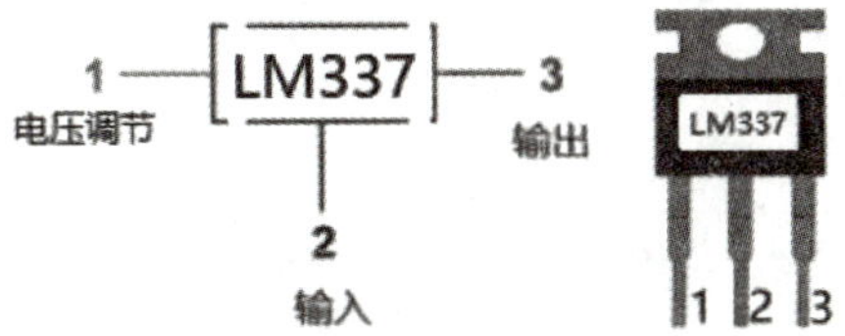

图 1-22　LM337 引脚图

2)LM317 典型应用电路

LM317 系列稳压器能在输出电压为 1.25 ~ 37 V 的范围内连续可调，外接元件只需一个固定电阻和一个电位器，其芯片内也有过流、过热和安全工作区保护，最大输出电流为 1.5 A。其典型电路如图 1-23 所示。

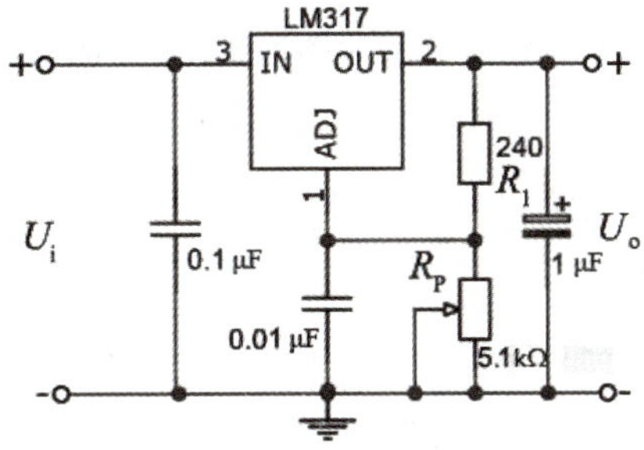

图 1-23　LM317 典型应用电路

其中，电阻 R_1 与电位器 R_P 组成电压输出调节电位器，输出电压 U_o 的表达式为

$$U_o = 1.25(1 + R_P / R_1)$$

式中，R_1 一般取值为 120 ~ 240 Ω，输出端与调整端之间的压差为稳压器的基准电压（典型值为 1.25 V），所以流经电阻 R_1 的泄放电流为 5 ~ 10 mA。

二、其他类型的稳压电路

1. 开关型稳压电路

开关型稳压电路具有体积小、效率高的特点。线性电源的效率为 30% ~ 55%；而开关稳压器可达 60% ~ 85%，而且可以省去工频变压器和巨大的散热器，体积和重量都大为减小。这种电路已在各种电子设备中获得广泛应用。

常用的实现开关控制的方法有自激式开关稳压器、脉宽调制式开关稳压器和直流变换式开关稳压器等。

图 1-24 是采用直流变换器的开关稳压电路的框图。对工频电压直接整流—滤波后获得的直流电压,由开关管变为高频电压。后者经高频换流变压器变为一定的电压,再经高频整流—滤波以后给出所需的输出电压 U_o;开关管的工作受脉冲调制器和驱动放大器的控制。当输出电压 U_o 发生变化时,来自输出端的取样信号经比较电路产生误差信号,然后通过脉冲调制器来控制开关管的开关工作比,从而使直流变换器的输出保持稳定。开关管是在饱和区断续工作的,所以功耗较线性电源的调整管小,因而效率较高。大功率电力稳压器由补偿变压器、调压器、控制电路、检测电路和操作电路组成。

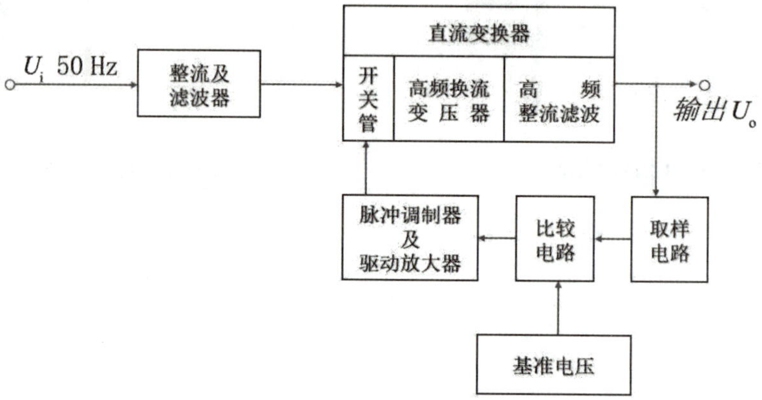

图 1-24　采用直流变换器的开关稳压电路框图

2. 串联型稳压电源

如图 1-25 所示的是简单的串联型稳压电源。

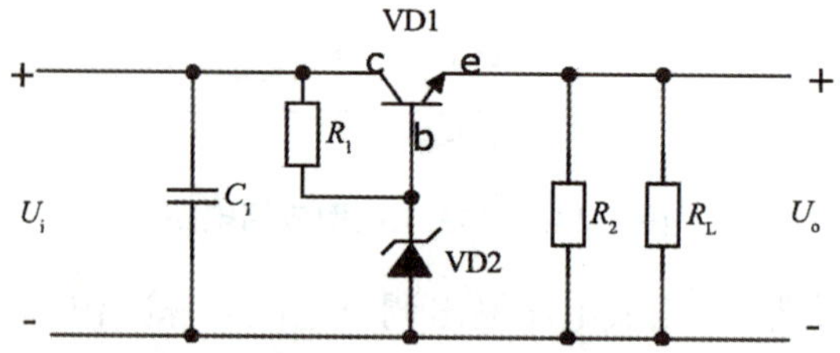

图 1-25　串联型稳压电源

VD1 是调整管,调节输出电压,它与负载电阻是串联的,所以称为串联型稳压电源。

R_1 给 VD1 提供合适的偏置,使 VD1 工作在放大状态;利用三极管电流放大作用可以提高输出电流。同时 R_1 还是限流电阻,保护 VD2。VD2 稳定三极管 VD1 基极的电位。

简单串联型稳压电路的优点是电路简单,调试方便。由于三极管具有电流放大作用,因此它的输出电流较大。但是它的输出电压仍然不能调节,$U_o=U_Z-U_{BE1}$,U_Z 是 VD2 稳压管的稳压电压,U_{BE1} 是 VD1 三极管 b、e 之间的电压,而 U_{BE1} 基本上是不变的。从而稳压灵敏度不够,稳压效果差,所以要进行改进。

在实际应用中,应在三端集成稳压电路上安装足够大的散热器(小功率可以不用)。当稳压管温度过高时,稳压性能将变差,甚至损坏。

当制作中需要一个能输出电流为 1.5 A 的稳压电源时，通常采用几个三端稳压电路并联起来，使其最大输出电流为 n 个 1.5 A，但应当注意：并联使用的集成稳压电路应采用同一厂家、同一批次的产品，以保证参数一致。另外在输出电流上留有一定的余量，以避免个别集成稳压电路失效时导致其他电路的连锁烧毁。

任务拓展

为了进一步巩固学生对滤波电路的理解和应用能力，教师可以安排以下拓展任务。

（1）设计一个带通滤波器，并进行装接和调试；

（2）对调试过程中出现的问题进行分析，找出原因并提出解决方案；

（3）根据实际应用需求，设计一个性能更加优异的滤波电路，并进行装接和调试；

（4）根据本任务中的相关知识，利用 7905 设计一个电路，使其稳定输出电压为-5 V；

（5）将本次任务的经验和心得写成实验报告，与同学和老师分享。

拓展阅读

宁德时代新能源科技股份有限公司成立于 2011 年，是国内率先具备国际竞争力的动力电池制造商之一，专注于新能源汽车动力电池系统、储能系统的研发、生产和销售，致力于为全球新能源应用提供一流解决方案。其核心技术包括在动力和储能电池领域的材料、电芯、电池系统、电池回收二次利用等全产业链研发及制造能力，如图 1-26 所示。

图 1-26 宁德时代

宁德时代已成为国内率先进入国际顶尖车企供应链的锂离子动力电池制造厂商，与国内多家主流车企建立合作关系，并成功在全球市场上占据一席之地。2018 年 6 月 11 日，宁德时代在深交所上市。2019 年，宁德时代上榜《财富》中国 500 强，位列 290 位，同年入选“2019 福布斯中国最具创新力企业榜”和 2019《财富》未来 50 强榜单。2020 年，宁德时代位列 2020 中国民营企业 500 强榜单第 181 位。2021 年 7 月，宁德时代正式推出钠离子电池。2022 年 1 月，宁德时代正式进入换电产业。

宁德时代的创新和发展：宁德时代不断投入研发，积极推动新能源技术的创新和发展。公司拥有一支专业的研发团队，专注于电池材料、电芯、电池系统等领域的研发工作。通过不懈努力，宁德时代在电池性能提升、安全性、可靠性和耐久性等方面取得了显著成果。

宁德时代是全球少数几家能够提供动力电池全产业链解决方案的企业之一。从原材料采购、电芯制造、电池系统组装到电池回收利用，宁德时代均具备完整的业务链和领先技术。这不仅提高了公司对产品品质和成本的掌控能力，还有助于提高其在国内外市场的竞争力。

在推动绿色能源转型方面，宁德时代积极参与全球能源结构的优化和调整。公司致力于为客户提供高效、环保、可靠的能源解决方案，帮助推动全球新能源汽车产业的发展。此外，宁德时代还涉足储能领域，为电网、可再生能源等领域提供支持，提高能源利用效率。

宁德时代的国际化战略：为了拓展全球市场，宁德时代不断加强与国际知名企业的合作。公司已与多家国际汽车制造商建立了合作关系，为其提供动力电池产品和解决方案。此外，宁德时代还与全球各地的科研机构、政府机构和其他企业展开合作，共同推动新能源技术的发展和应用。

通过在欧洲、北美等地建立分支机构和研发中心，宁德时代逐步拓展在全球市场的布局。这些分支机构和研发中心不仅有助于公司获取当地市场信息和资源，还可以加速宁德时代在国际化进程中的发展步伐。未来，宁德时代将继续深化国际合作，拓展全球市场，努力成为全球新能源产业的领军企业。

习题检测

一、填空题

1. 二极管 P 区接________电位，N 区接________电位，称为正向偏置，二极管导通；反之称为反向偏置，二极管截止，所以二极管具有________性。

2. 利用二极管的________特性，将交流电转换成________的过程称为整流。

3. 滤波电路可将输入的________转换成较平滑的直流电。

4. 要使稳压二极管工作于稳压状态，其正极应接电源的________极，负极应接电源的________极，而且电路应加接________电阻。

5.CW78M24 的输出电压为________，额定输出电流为________。

二、选择题

1. 以下哪种情况可能导致稳压二极管损坏(　　)。

A. 输入电压过高　B. 输入电压过低　C. 输出电流过大　D. 无负载时间过长

2. 要获得 5 V 的稳定电压，应选用型号为 CW(　　)的集成稳压器。

A.7805　B.7905　C.7812　D.7912

3. 用指针式万用表电阻挡测量小功率二极管质量好坏，应选用(　　)挡。

A.$R\times1$　B.$R\times10$　C.$R\times1$ K　D.$R\times10$ K

4. 稳压二极管的稳定电压是指其(　　)。

A. 反向偏置电压　B. 正向导通电压　C. 死区电压　D. 反向击穿电压

5. 直流稳压电源中滤波电路的作用是(　　)。

A. 将交流电变为较平滑的直流电　B. 将交流电变为稳定的直流电

C. 滤除直流电中的交流成分　D. 将 220 V 交流电变为更低电压的交流电

三、判断题

1. 所有的二极管都具有整流作用。 ( )
2. 稳压二极管在电路中只能反向连接。 ( )
3. CW7805 的输出电压为−5 V。 ( )
4. 发光二极管能将电信号转换为光信号,它工作时需加反向偏置电压。 ( )
5. 电容滤波电路适用于小负载电流场合,而电感滤波适用于大负载电流。 ( )

四、问答题

1. 请简要说明如何用万用表检测二极管的好坏。
2. 描述一下焊接电路板的基本步骤。
3. 简述整流电路的作用和工作原理。
4. 请简述电路板布局的要点和技巧。

学习情境 2

门铃控制电路的制作与调试

放大电路在我们的生活中无处不在。如住宅门厅中安装的电子门铃（见图 2-1）、对讲机以及人们身边的收音机、电视机等，都是由于其中的放大电路，才使扬声器发出较大的声音。而常见放大电路的核心部分——电信号的放大器件就是三极管。

图 2-1　电子门铃实物图

学习目标

【知识目标】

1. 熟悉三极管的结构及符号、基本类型、电流放大特性；
2. 了解各种三极管封装（包括 SMT）；
3. 理解三极管的输入特性曲线和输出特性曲线；
4. 掌握共射极放大电路的结构，电路中直流量、交流量、交直流量的上下标、大小写规则；
5. 理解放大电路静态、动态分析的原理，选择合适静态工作点对放大电路的影响。

【能力目标】

1. 会用晶体管特性图示仪测量三极管的伏安特性；
2. 会检测三极管质量好坏，会判别三极管三个引脚；
3. 掌握放大电路交、直流通路的绘制方法；

4. 能熟练使用 Multism 电路软件绘制电路图,进行电路参数设置和仿真。

【素养目标】

1. 通过任务的分组实施培养学生的团队合作精神;
2. 通过任务负责人的方式培养学生的组织协调管理的意识;
3. 通过课外收集资料拟定方案等活动培养学生自主探究的学习习惯;
4. 自主、安全地按照操作规程进行电路模拟仿真、连线及测试;
5. 自觉保持、维护实训室卫生、环境安全,达到 5S 要求。

知识导图

门铃控制电路知识导图如图 2-2 所示。

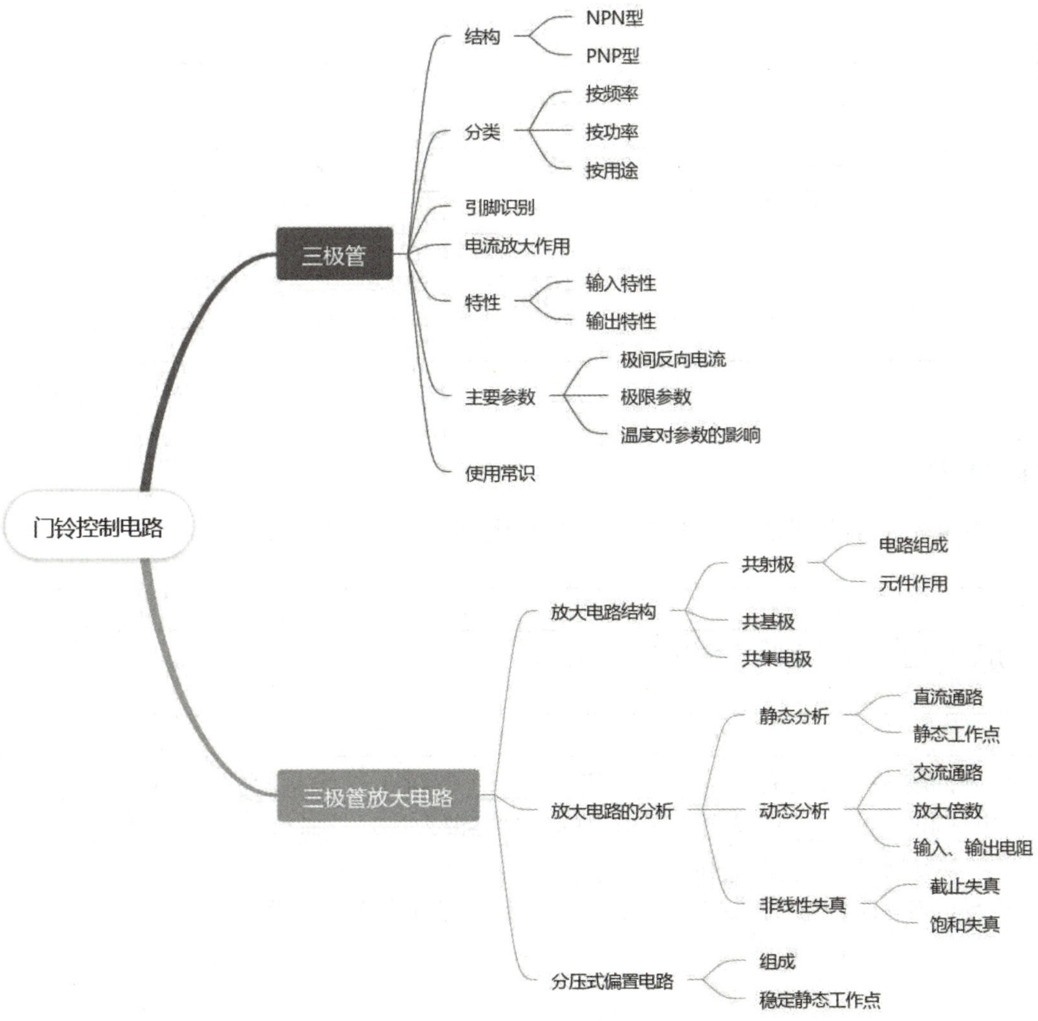

图 2-2　门铃控制电路知识导图

任务书

工程名称	音乐门铃电路的制作	工期	
接收单位		接收人	
学习任务:某小区要为业主订购了一批音乐门铃,要求按下按键响起优美音乐门铃声,松开后停止			
验收人			

任务分组

学生任务分配表

组长	职责			
组员	姓名	任务	姓名	任务

获取信息

引导问题 1:日常生活中有哪些放大功能的用电器?(例如,扬声器)

____

____

引导问题 2:放大电路的核心元件是什么?

____

____

引导问题 3:三极管有________型和________型两种, 三极管的三个区为:________区、集电区和________区;从三个区引出的三个电极为:________、________和________;两个 PN 结分别是:________和________。

引导问题 4:画出两种类型三极管的图形符号,并标出 3 个电极的名称。

引导问题 5:发射极的箭头表示发射结加________时,________的实际方向。故 NPN

管的箭头由________指向________，PNP 管的箭头由________指向________。

引导问题 6：三极管实现放大的条件是发射结处于________偏置状态，集电结处于________偏置状态。

引导问题 7：三极管接入电路的接法分别是________、________和________。

引导问题 8：三极管的主要参数有________、________和________。

引导问题 9：三极管的输入特性指当输出电压________一定值时，输入电流________和输入电压________之间的关系。

引导问题 10：三极管的输出特性指当输入电流________一定值时，输入电流________和输入电压________之间的关系。

引导问题 11：输出特性曲线划分为三个区域：________、________和________。

截止区时，发射结________偏，集电结________偏，对于 NPN 来说 U_{BE} ______ 0，U_{CE} ______ 0；对于 PNP 来说 U_{BE} ______ 0，U_{CE} ______ 0。

饱和区时，发射结________偏，集电结________偏，对于 NPN 来说 U_{BE} ______ 0，U_{CE} ______ 0；对于 PNP 来说 U_{BE} ______ 0，U_{CE} ______ 0。

放大区时，发射结________偏，集电结________偏，对于 NPN 来说 U_{BE} ______ 0，U_{CE} ______ 0；对于 PNP 来说 U_{BE} ______ 0，U_{CE} ______ 0。

引导问题 12：共射极放大电路中，三极管三个极上的电流关系是________，输入电压与输出电压________。

引导问题 13：放大电路的静态时，各极的直流电流和各极间的直流电压在三极管的输入、输出特性曲线上各自对应一个点成为________点，四个物理量分别是______、______和________、________、________的值，一般认为 U_{BEQ} 为已知量，一般来说，硅三极管取________V，锗三极管取________V。

引导问题 14：直流通路是指__________________的通路，画直流通路的原则是①________②________③________。

引导问题 15：交流通路是指__________________的通路，画交流通路的原则是①________②________③________。

引导问题 16：放大电路的非线性失真包括________失真和________失真，静态工作点选择过高出现________失真，选择过低会出现________失真。

引导问题 17：如何稳定放大电路的静态工作点？

____

____

工作计划

1. 制定工作方案。

(　　　　　)工作方案

步骤	工作内容	负责人
1		
2		
3		
4		
5		
6		
7		
8		
9		

2. 写出基本放大电路的工作原理,确定静态工作点及放大倍数的大小。

____

____

____

____

3. 列出仪表、工具、耗材和器件清单。

仪表、工具、耗材和器件清单

序号	名称	型号与规格	单位	数量	备注

4. 画出门铃控制电路的布置图、接线图。

进行决策

1. 各组派代表阐述设计方案。

2. 各组对其他组的设计方案提出自己不同的看法并记录。

3. 教师结合大家完成的情况进行点评，选出最佳方案。

工作实施

按照本组制定的计划（最佳方案）实施门铃控制电路安装（可先利用仿真软件进行仿真）。

（1）领取元器件、材料工具等。

（2）检查元器件，填写工具、耗材和器件清单。

门铃控制电路的设计与仿真

门铃控制电路的装配操作

门铃控制电路的调试与相关参数的测量

工具、耗材和器件清单

序号	器件名称	数量	质量	安装工艺要求
1	例(二极管)	1	可用	贴板安装、标注向上,注意极性
2				
3				
4				
5				
6				
7				

(3)在电路安装前,对整机所用的元器件进行检测,降低调试过程的故障率。根据电路原理图选取元器件,并对元件参数和质量进行检测,保证元件质量和参数在误差范围内,将识读、测量后的元件填入表格。

①二极管:用万用表测量二极管的单向导电性,判断是否可用。

②电容:瓷片电容外形无破损,用模拟万用笔 $R\times10$ K 挡测量,指针不偏转,用数字万用表测量,偏差在允许范围内,即可用。

③晶体三极管:用数字万用表测量三极管直流放大倍数,直流放大倍数达到 80 以上即可用。

④扬声器:使用万用表 $R\times1$ 挡测量扬声器的两个管脚,扬声器发出“呲呲”的电流声,扬声器的纸盆无破损。

⑤音乐芯片:可不检测。

(4)按最佳方案安装元器件。安装元器件时,按照工艺顺序和工艺要求,正确装接,并做到焊点光滑无毛刺。安装注意事项如下。

①1N4007 二极管有正负极性,注意方向。

②喇叭不用分正负极,焊接时,把线焊接在外侧接触点,参考实物图。

③三极管注意焊接三个引脚与电路板相对应。

④按键一直按下时暂停播放,松开继续播放。

⑤注意 IC 板和底板是如何组合的,四个接触点焊接时要对应。

⑥电源采用电池盒供电,注意正负极,红线正极,黑线负极。

任务实施参考图如图 2-3、2-4 所示。

(5)电路检测。

①通电前的检查。认真对照电路原理图,检查装接有无错误,检查焊点有无虚焊、漏焊、连焊、毛刺等。用万用表检测电路的主电源连接端阻值,确定没有短路现象。

②通电检测。将电路接通电源进行功能调试,通过开关启动门铃控制电路。同时用万用表的直流电压挡测量晶体三极管各管脚电压值并记录,讨论晶体三极管的工作状态。

图 2-3　门铃电路焊接实物图

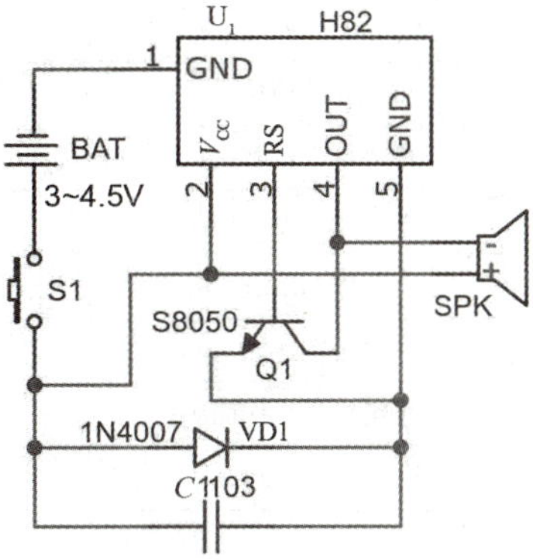

图 2-4　门铃电路原理图

测量点	基极电压	集电结电压	发射极电压	工作状态
测量结果				

按图 2-3 连接好电路后，接通电源，按开关 S1，可听到“致爱丽丝”的声音（或是其他音乐），循环播放，松开按键停止播放。

（6）安全注意事项。

①规范使用电烙铁，防止出现烫伤个人或损坏设备。

②万用表测量直流电压时注意量程和极性，避免损伤。

③装配过程中注意芯片和三极管的焊接时间不宜过长。

评价反馈

各组代表展示作品，介绍任务的完成过程。作品展示前准备阐述资料，填写阐述项目表，并完成下列评价表。

学生自评表

任务	完成情况记录
任务是否按计划时间完成	
相关理论完成情况	
技能训练情况	
任务完成情况	
任务创新情况	
材料上交情况	
收获	

学生互评表

序号	评价项目	小组互评	教师评价	总评
1	任务是否按时完成			
2	材料完成上交情况			
3	作品质量			
4	语言表达能力			
5	小组成员合作面貌			
6	创新点			

教师评价表

序号	评价项目	自我评价	互相评价	教师评价	综合评价
1	学习准备				
2	引导问题填写				
3	规范操作				
4	完成质量				
5	关键操作要领掌握				
6	完成速度				
7	5S 管理、环保节能				
8	参与讨论主动性				
9	沟通协作				
10	展示汇报				

注:评价等级统一采用 A(优秀)、B(良好)、C(合格)、D(努力)四级。

学习情境的相关知识点

知识点 1:晶体三极管

一、晶体三极管的结构与符号

半导体三极管又称双极型晶体三极管,简称晶体管。晶体三极管按封装材料来分,一般分为塑料封装和金属封装两种。目前常用的 90×× 系列三极管采用 TO-92 型塑封,它们的型号一般都标在塑壳上,如图 2-5 所示。

三极管

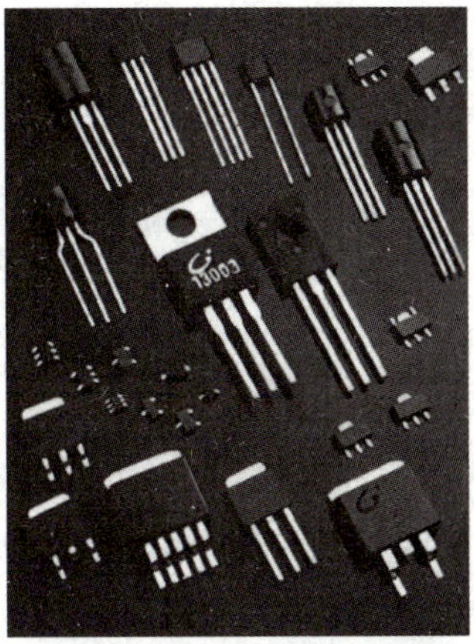

图 2-5　常见的三极管实物图

晶体三极管有三个电极，分别从三极管内部引出，其结构示意如图 2-6 所示。从图中可以看出，三极管的核心是两个互相联系的 PN 结，它是根据不同的掺杂工艺在一个硅片上制造出三个掺杂区域而形成的。

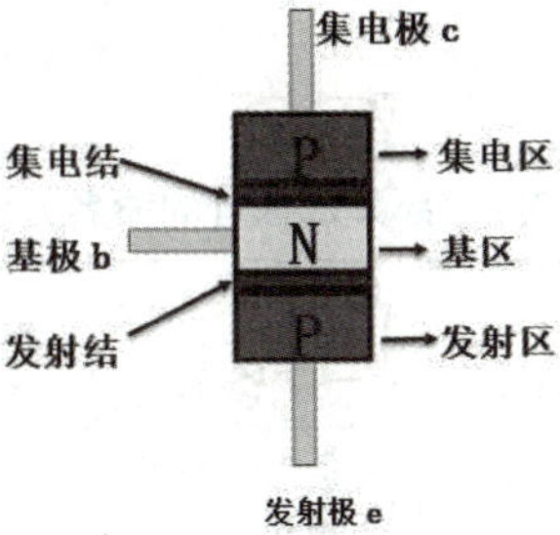

图 2-6　晶体三极管内部结构示意图

在三个掺杂区域中，位于中间的区域称为基区，引出极为基极，两边的区域称为发射区和集电区，分别引出发射极和集电极；基区和发射区的 PN 结称为发射结，基区和集电区的 PN 结为集电结。

按两个 PN 结组合方式的不同，晶体三极管可分为 PNP 型、NPN 型两类，其结构示意、电路符号和文字符号如图 2-7 所示。如果两边是 N 区，中间夹着 P 区，就称为 NPN 型三极管；反之，则称为 PNP 型三极管。

在电路原理图中，三极管是用图 2-7 中所示的图形符号和文字符号 VT 表示的。其中，有箭头的电极是发射极，箭头方向表示发射结正向偏置时的电流方向，由此可以判断管子是 PNP 型还是 NPN 型。

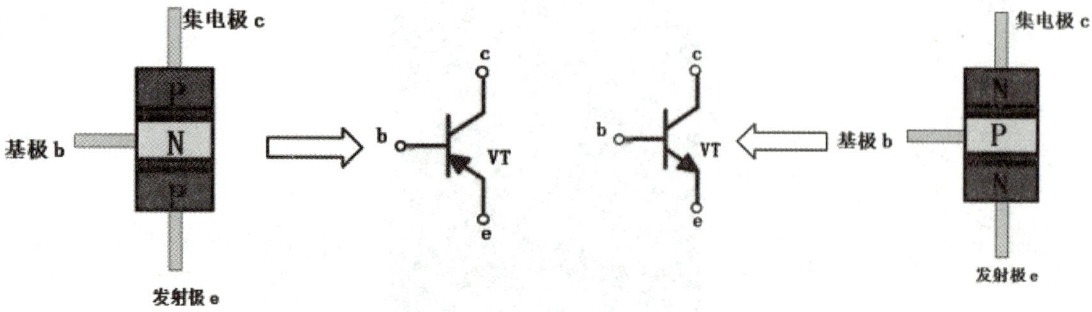

图 2-7　PNP 型、NPN 型三极管结构示意、图形符号和文字符号

二、晶体三极管的分类

晶体三极管按工作频率分为低频管和高频管，按耗散功率分为小功率管和大功率管，按用途分为放大管、开关管和功率管，按所用的半导体材料分为硅管、锗管等。常用的三极管有国内产品、日本产品、韩国产品，比如 3AX31A、3DG12B、9011、9013 等。部分三极管的命名方法如表 2-1 所示。如遇到特殊型号的三极管，我们可以通过查阅三极管手册的方法来查看它的命名方式。

表 2-1　部分三极管的命名方法

产地	一	二	三		四	五	
	电极数目	三极管材料和极性	三极管类型		器件序号	规格号	
国产	3:三极管	A:PNP 型锗材料 B:NPN 型锗材料 C:PNP 型硅材料 D:NPN 型硅材料	X:低频小功率管 G:高频小功率管 D:低频大功率管 A:高频大功率管		反映参数的差别	反映承受反向击穿电压的程度，如规格号 A、B、C、D……，其中 A 承受反向击穿电压的程度最低，B 次之……	
日本	2:三极管	S(日本电子工业协会注册产品)	A:PNP 高频 B:PNP 低频 C:NPN 高频 D:NPN 低频		登记序号	对原型号的改进	
美国	2:三极管	N(美国电子工业协会注册标志)	登记序号				
韩国	9011	9012	9013	9014	9015	9016	9018
	NPN	PNP	NPN	NPN	PNP	NPN	NPN
	高放	功放	功放	低放	低放	超高频	超高频

三、晶体三极管的引脚识别

常用的三极管封装如表 2-2 所示，从中我们可以学习三极管封装形式，识别三极管的外形、引脚排列及分布特性。

三极管的型号命名

表 2-2　三极管引脚识别

封装形式	外形	引脚排列位置	分布特征说明
金属封装	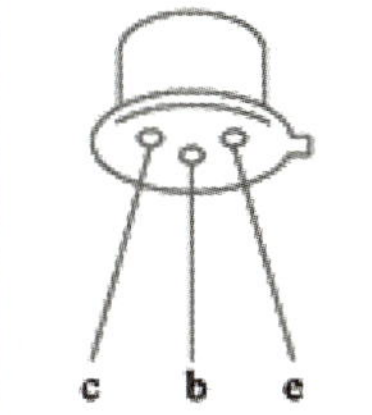		面对管底，有定位标志起，按顺时针方向，引脚依次为放射极 e、基极 b、集电极 c
			面对管底，由定位标志起，按顺时针方向，引脚依次为放射极 e、基极 b、集电极 c、接地线 d（d 与金属外壳相连，在电路中接地，起屏蔽作用）
	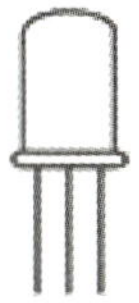	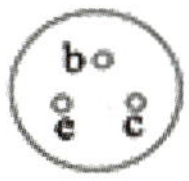	面对管底，使带引脚的半圆位于上方，从左至右，按顺时针方向，引脚依次为放射极 e、基极 b、集电极 c
	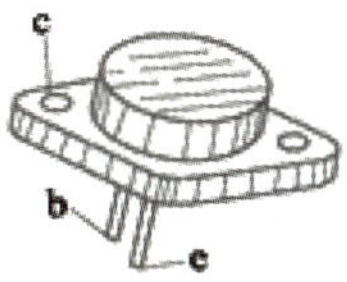	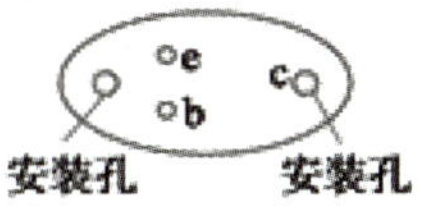	面对管底，使引脚均位于左侧，下面的引脚是基极 b、上面的引脚为发射极 e，管壳为集电极 c（管壳上两个安装孔用来固定三极管）

四、晶体三极管的电流分配及放大原理

晶体三极管的的引脚识别

晶体三极管的电流放大并不是指其自身能把小电流变成大电流，它仅仅是起着一种控制作用，控制着电路中的电源，使其按确定的比例向三极管提供 I_b、I_c 和 I_e 三个电流。电流的这种控制作用就好比图 2-8 中的水流控制，三极管的基极 b、集电极 c 和发射极 e 对应着图 2-8 中的细管、粗管和粗细交汇的管子。粗的管子内装有闸门，闸门开启大小受细管子中的水量控制。如果细管子中没有水流，粗管子中的闸门就会关闭；注入细管子的水量越大，闸门就开得越大，相应地流过粗管子的水就越多，最后，细管子的水与粗管子的水汇合在一根管子中，这就体现出“以小控制大，以弱控制强”的道理。

三极管的电流放大作用，实质上是用较小的基极电流信号控制较大的集电极电流信号，实现“以小控大”的作用。

只要给电路中的三极管外加合适的电源电压，就会产生电流 I_b、I_c 和 I_e，这时很小的 I_b 就可以控制比它大上百倍的 I_c。显然 I_c 不是由三极管产生的，而是由电源电压在 I_b 的控制下提供的，这就是三极管的能量转换作用，如图 2-9 所示。

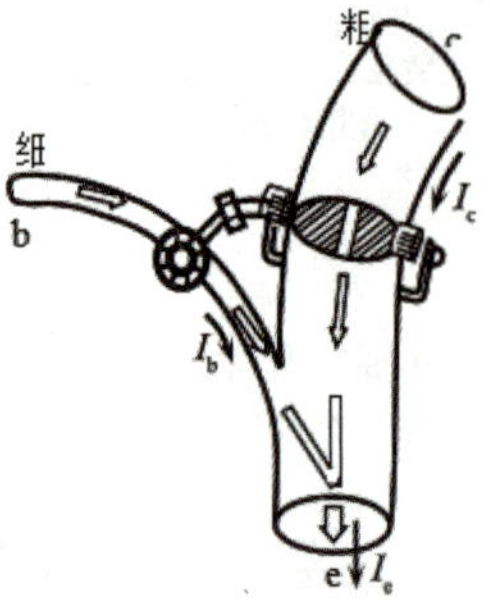

图 2-8　三极管电流放大示意图

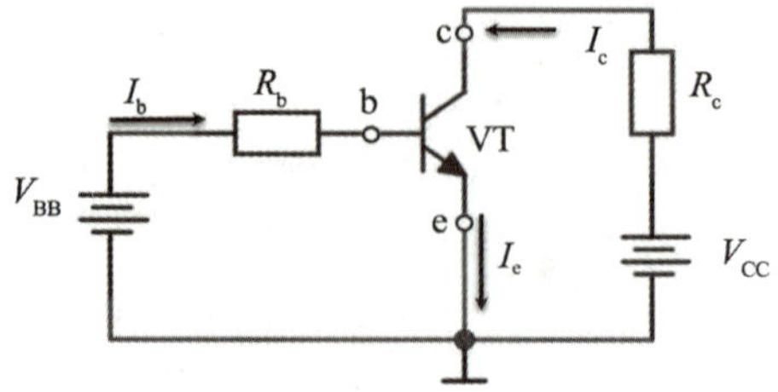

图 2-9　三极管的直流偏置

三极管电流放大作用的实现需要外部提供直流偏置，即必须保证三极管发射结加正向电压（正偏），集电结加反向电压（反偏）。如图 2-10 所示，电位关系应为 $V_C>V_B>V_E$。

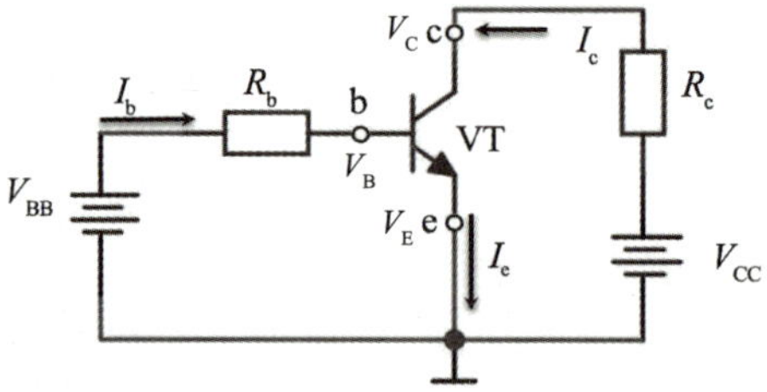

图 2-10　NPN 型三极管放大工作时的直流偏置

PNP 型三极管放大工作时，其电源电压 V_{CC} 极性与 NPN 型管相反，这时，管子三个电极的电流方向也与 NPN 型管电流方向相反，电位关系则为 $V_E>V_B>V_C$。

五、三极管的极性及质量的检测

1. 极性的判别

（1）基极的判别。将万用表置于 $R\times1\text{K}$ 或 $R\times100$ 挡，用黑（红）表笔接三极管的任意一极，再用红（黑）表笔分别去接触另外两个电极测其电阻，当测得的两个阻值都很小时，黑（红）表笔所接就为基极，而且为 NPN（PNP）型管子。在测量过程中，如果出现一个阻值很大，另一个阻值很小，此时就需将黑表笔换一个电极再测。

（2）集电极、发射极的判别。在判定基极和管型的基础上，对余下的两个管脚，任意假设一个为集电极，另一个为发射极。用人体电阻代替基极电阻连接在基极和假设集电极之间，用黑（红）表笔接假设集电极，用红（黑）表笔接假设的发射极，观察万用表指针偏转角度；然后，再假设另一管脚为集电极，重复上述操作，比较两次偏转角大小，偏转角大的一次，假设集电极成立（NPN 型管子用黑表笔接假设集电极；PNP 型管子用红表笔接假设集电极）。判别实物图如图 2-11 所示。

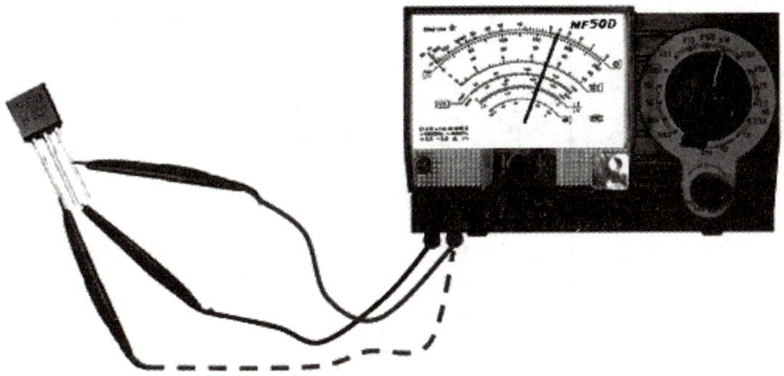

图 2-11　万用表判别三极管极性

2. 质量的检测

用万用表不但可以判断三极管的极性，还可以判断三极管的性能，在三极管的任何两个PN 结之间测试正向电阻和反向电阻，根据正向电阻和反向电阻的大小就可判断三极管的质量（正常，开路，短路，管子漏电大），如表 2-3 所示。

表 2-3　三极管性能的简易判断

类型	测量电极	正向电阻	反向电阻	正向电阻	反向电阻	正向电阻	反向电阻
硅	b-e	几百欧~几千欧	大于 500 kΩ	∞	0	几百欧~几千欧	小于 500 kΩ
	b-c	几百欧~几千欧	大于 500 kΩ	∞	0	几百欧~几千欧	小于 500 kΩ
	c-e	大于 2 MΩ		—	—	大于 2 MΩ	
	判断	正常		b-c、b-e 极开路	b-c、b-e 极短路	管子漏电大	
锗	b-e	几百欧~1 kΩ	大于 400 kΩ	∞	0	几百欧~1 kΩ	小于 400 kΩ
	b-c	几百欧~1 kΩ	大于 400 kΩ	∞	0	几百欧~1 kΩ	小于 400 kΩ
	c-e	大于几千欧		—	—	大于几千欧	
	判断	正常		b-c、b-e 极开路	b-c、b-e 极短路	管子漏电大	

六、三极管的特性曲线

1. 共射输入特性曲线

图 2-12 所示的共发射极输入特性曲线是指当 U_{CE} 为某一定值时，基极电流 i_B 和发射结电压 u_{BE} 之间的关系曲线。

三极管的特性曲线

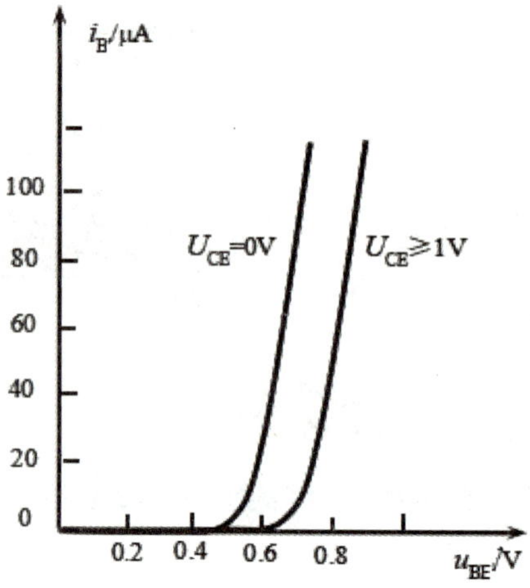

图 2-12　共发射极输入特性曲线

当 U_{CE}=0 时，输入特性曲线与二极管的正向伏安特性相似，存在死区电压 U_{on}（也称开启电压），硅管 U_{on}≈0.5 V，锗管约为 0.1 V。只有当 U_{BE} 大于 U_{on} 时，电流 i_B 才会上升，三极管正常导通。硅管导通电压约为 0.7 V，锗管约为 0.3 V。

随着 U_{CE} 的增大，输入特性曲线右移，但当 U_{CE} 超过一定数值（U_{CE}>1）后，曲线不再明显右移而基本重合。

2. 共射极输出特性曲线

在基极电流 I_B 为一常量的情况下，集电极电流 i_C 和管压降 u_{CE} 之间的关系曲线如图 2-13 所示。通常把三极管的输出特性曲线分为截止、饱和和放大三个区域。

（1）截止区。I_B=0 曲线以下的区域称为截止区。由于 I_B=0，故 $I_C=\beta I_B$=0，失去了电流放大作用。当发射结和集电结都处于反向偏置时，三极管将可靠截止。

（2）饱和区。当 $U_{CE}<U_{BE}$ 时，发射极正向偏置，同时集电极电位将低于基极电位，于是集电结处于正向偏置，三极管工作于饱和状态，该区位于输出特性曲线上 $U_{CE}<U_{BE}$ 以左，称为饱和区。此区内 $\beta=\frac{\Delta I_C}{\Delta I_B}\approx 0$，无电流放大作用，同时集电极和发射极之间的电压称为饱和压降，三极管饱和时的 U_{CE} 值称为饱和电压降 U_{CES}，小功率硅管约为 0.3 V，锗管约为 0.1 V。

（3）放大区。输出特性曲线较为平坦的区域称为放大区。在放大区中有 $I_C=\beta I_B$，即 I_C 受 I_B 的控制，具有电流放大作用。要使三极管工作在放大区，必须满足发射结正偏、集电结反偏的条件。

总之，三极管工作在放大区时，具有电流放大作用；工作在截止区或饱和区时，具有开关作用。

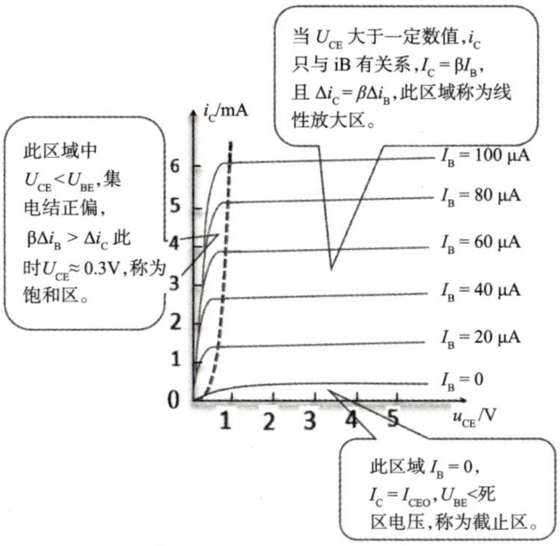

图 2-13　共发射极输出特性曲线

3. 电流放大系数

电流放大系数是反映三极管放大能力的参数。

（1）共发射极直流电流放大系数 $\overline{\beta}$：三极管共发射极接法时，当 U_{CE} 为一定值时，集电极直流电流 I_C 和基极直流电流 I_B 的比值 $\overline{\beta}$，即

$$\overline{\beta}=\frac{I_C}{I_B}\bigg|_{U_{CE}}=\text{常量}$$

（2）共发射极交流电流放大系数 β：三极管共发射极接法时，当 U_{CE} 为一定值时，集电极交流电流变化量 Δi_C 和基极交流变化量 Δi_B 的比值 β，即

$$\beta=\frac{\Delta i_C}{\Delta i_B}\bigg|_{U_{CE}}=\text{常量}$$

例：如图 2-14 所示是某三极管的输出特性曲线，从曲线上可以大致确定该三极管在 U_{CE}=6.5 V，I_B=60 μA（b 点）附近的 $\overline{\beta}$ 和 β 值。

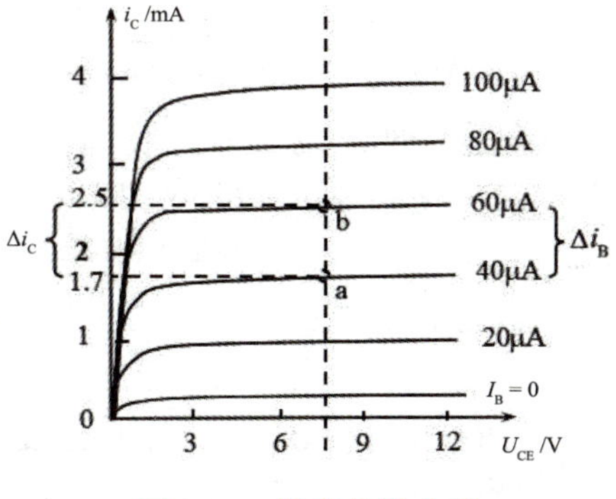

图 2-14　输出特性曲线

解：在图 2-14 所示的输出特性曲线上作 U_{CE}=6.5 V 的垂线，与 I_B=60 μA 的输出特性曲线交于 b 点，由此可得该点对应的线

$$\overline{\beta}=\frac{I_C}{I_B}=\frac{2.5\times10^3}{60}\approx 42$$

$$\beta=\frac{\Delta i_C}{\Delta i_B}=\frac{(2.5-1.7)\times10^3}{20}=40$$

七、三极管的主要参数

三极管的参数是选择三极管的主要依据。除上述直流放大系数和交流放大系数外，其他主要参数如下。

1. 极间反向电流

（1）集电极—基极反向抱和电流 I_{CBO}。当发射结开路，集电结上加一反向电压时，流过集电结的反向电流称为集—基极反向漏电流 I_{CBO}。I_{CBO} 越小，说明三极管受温度的影响越小。在室温下，小功率锗管的 I_{CBO} 约为 10 μA，小功率硅管的 I_{CBO} 小于 1 μA。

（2）集电极—发射极反向截电流（又称穿透电流）I_{CEO}。当基极开路时，流过集电极与发射极之间的反向电流称为集射极反向截止电流 I_{CEO}，也称为穿透电流。该电流越大，三极管热稳定性越差，所以 I_{CEO} 也是越小越好。I_{CEO} 和 I_{CBO} 存在这种关系：$I_{CEO}=(1+\beta)I_{CBO}$。

2. 极限参数

三极管的极限参数是指三极管正常工作时，允许的最大电流、电压和功率等极限数值，了解这些参数可以保证三极管的安全运用，以下是几个常用极限参数。

（1）集电极最大允许电流 I_{CM}。集电极电流过大，三极管 β 值要降低，当 I_C 超过 I_{CM} 后，β 将下降到不能允许的程度。

（2）集—射极击穿电压 $U_{(BR)CEO}$。基极开路时，允许加在集电极和发射极之间的最大电压称为集射极击穿电压 $U_{(BR)CE0}$。当 U_{CE} 超过 $U_{(BR)CEO}$ 时，集电极电流大幅度上升，说明三极管已被击穿。

（3）集电极最大允许耗散功率 P_{CM}。它是集电结最大允许功率。三极管工作时，电流经集电结产生热量，结温升高。温度过高将会损坏三极管，在使用时应保证 $U_{CE}<I_C<P_{CM}$。为三极管加散热片，可使 P_{CM} 提高很多。

3. 温度对参数的影响

三极管的输入、输出特性和主要参数都和温度有着密切的关系。

（1）温度对 U_{BE} 的影响。温度升高时，三极管输入特性曲线将左移，U_{BE} 随温度变化的规律与二极管正向导通电压随温度变化的规律一样。温度每升高 1℃，U_{BE} 减小 2~2.5 mV。

（2）温度对 I_{CEO} 的影响。温度升高时，三极管输出特性曲线上移，这是因为反向电流 I_{CBO} 及 I_{CEO} 随温度升高而增大。温度每升高 10 ℃，I_{CBO} 约增加一倍。穿透电流 I_{CEO} 随温度变化的规律与 I_{CBO} 大致相同。

（3）温度对 β 的影响。三极管的电流放大系数随温度升高而增大。温度每升高 1 ℃，β 值增大 0.5%～1%。在输出特性曲线图上，表现为各条曲线间的距离随温度升高而增大。

综上所述，温度升高后，随着 U_{BE} 的下降，I_B 将有所上升，且 β 值也随温度升高而增大，二者均使集电极电流增大，这是使用三极管时必须注意的问题。

八、三极管的使用常识

选用三极管时，具体应从以下几个方面考虑。

（1）三极管的使用频率。工程设计中一般要求三极管的 f_T（三极管的最高截止频率）高于电路工作频率 3 倍以上。

（2）三极管工作的安全性。对于工作在大电流场合的三极管，如驱动继电器等，应保证集电极工作电流 $I_C \leqslant I_{CM}$。对于工作在大功率场合的三极管，应使三极管额定消耗功率 $P_C \leqslant P_{CM}$。同时，大功率三极管在使用时，因功耗较大，应按要求加装一定规格尺寸的散热片。

（3）小功率的三极管 $U_{(BR)CEO}$ 可以根据电路的电源电压来确定。一般情况下，只要使电路电源的最高电压 $\leqslant U_{(BR)CEO}$ 即可。

（4）在换用三极管时，也应注意替换三极管的极限参数、材料、管型以及性能等。

三极管放大电路

知识点 2：三极管放大电路

一、放大电路的结构

三极管在电路应用时，必定有一个电极作为信号的输入端，一个电极作为信号的输出端，另一个电极作为输入回路、输出回路的公共端。由此，三极管在电路中有三种组态（连接方式），以基极为公共端的共基极组态、以发射极为公共端的共发射极组态和以集电极为公共端的共集电极组态，如图 2-15 所示。

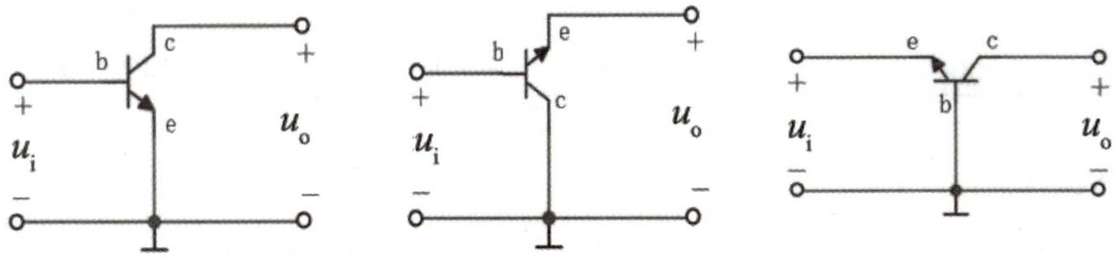

（a）共发射极　　（b）共集电极　　（c）共基极

图 2-15　三极管应用电路的三种组态

由于三极管的接地方式不同，三极管的伏安特性也不同，其中共发射极（简称共射）特性曲线是最常用的。

1. 共射极放大电路组成

图 2-16 是以三极管为核心的基本放大电路，输入信号 u_i 从三极管的基极和发射极之间输入，放大后输出信号 u_o 从三极管的集电极和发射极之间输出，发射极是输入、输出回路的公共端，故称该电路为共发射极基本放大电路。

为了省去电源 V_{BB}，共射放大电路习惯上画成图 2-17 所示的形式，图中电源电压 V_{CC} 也以常见的电位形式标出。

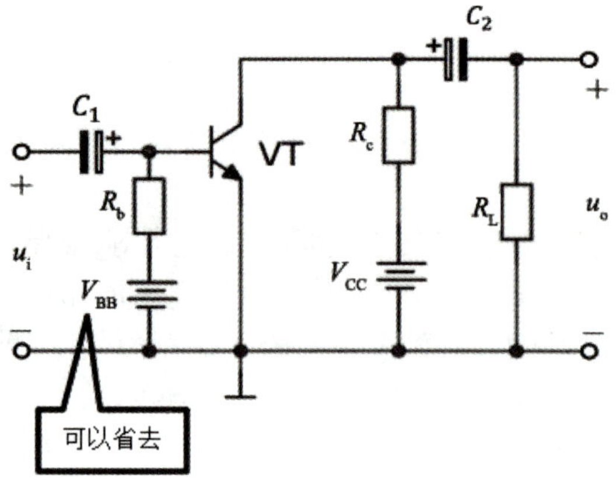

图 2-16 共发射极基本放大电路(双电源)

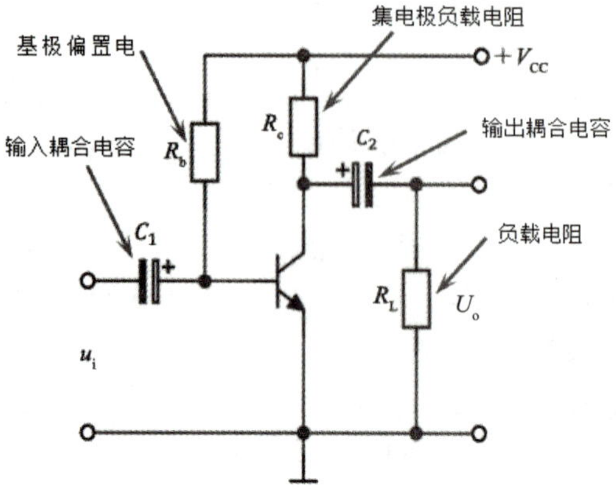

图 2-17 共射极放大电路(单电源)

2. 元器件的作用

图 2-17 所示的输入端连接需放大的信号源,输入端电压为 u_i,输出端接负载电阻 R_L,电源 V_{CC} 给电路提供能量,同时也为三极管提供合适的直流偏置。电路中各元器件的作用如表 2-4 所示。

表 2-4 共射放大电路主要元器件名称和作用

符号	元器件名称	元器件作用示意
VT	三极管	实现电流放大
R_b	基极偏置电阻	提供偏置电压
R_c	集电极负载电阻	提供集电极电流通路,将放大的集电极电流变化转换成集电极电压变化
C_1	输出耦合电容	把放大后的交流信号畅通地传送给负载
C_2	输入耦合电容	使信号源的交流信号畅通地传送到放大电路输入端

3. 静态工作点

电路既有输入信号源产生的交流量,又有直流电源 V_{CC} 产生的直流量。为了能简单明了地加以区分,每个量都用相应地符号表示,一般情况下,电压、电流符号规定如下。

U_{BE}	U_{CE}	I_B	I_C	直流分量电压、电流
u_i	u_o	i_b	i_c	交流分量电压、电流的瞬时值
u_{BE}	u_{CE}	i_B	i_C	直流分量和交流分量的叠加
U_i	U_o	I_i	I_o	交流分量电压、电流的有效值
U_{im}	U_{om}	I_{im}	I_{om}	交流分量电压、电流的最大值

(1)静态:电路在没有输入信号(即 U_i=0),只有直流电源单独作用下的直流工作状态。这时电路中只有直流电,故 C_1、C_2 视为开路。

(2)静态工作点:放大电路在静态时,三极管各级电压和电流在输入、输出特性曲线上可以确定一个如图 2-18、2-19 所示的坐标点 Q。Q 点处的直流电流、电压习惯上用 I_{BQ}、I_{CQ}、I_{EQ}、U_{BEQ} 和 U_{CEQ} 表示。

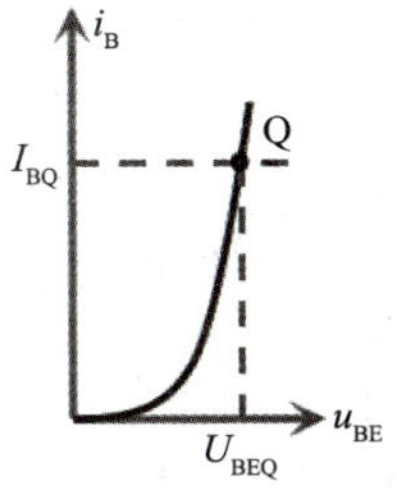

图 2-18　输入特性曲线的静态工作点

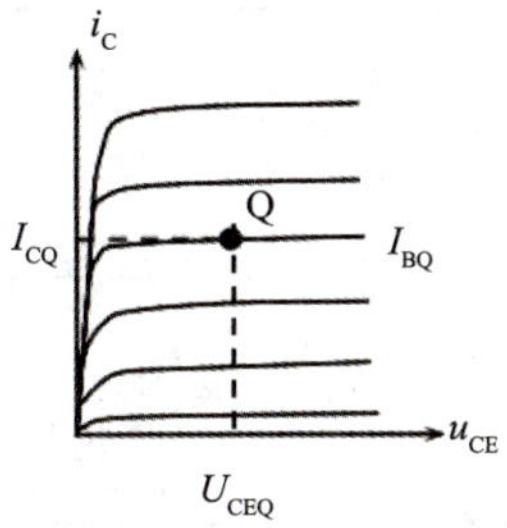

图 2-19　输出特性曲线的静态工作点

二、共射放大电路工作过程

在放大电路中，输入信号 u_i，经过 C_1 耦合加至三极管 b、e 极后，三极管各极电压、电流大小均在直流量的基础上，叠加了一个随 u_i 变化而发生变化的交流量，这时电路处于交流状态或动态工作状态，简称动态。

当输入信号 u_i 为正弦信号时，共发射极放大电路各级电压、电流的工作波形如图 2-20 所示。

从图 2-20 中可以看出，基极电流 i_B 经过三极管电流放大后，在集电极获得了相应地电流 $i_C=\beta i_B$，这样，i_C 在集电极负载电阻 R_c 上产生了一个压降 $i_C R_c$，由图 2-20 可以看出，$u_{CE}=V_{CC}-i_C R_c$，则

$$u_{CE}=V_{CC}-i_C R_c=V_{CC}-I_C R_c-i_c R_c=U_{CE}+u_{ce}$$

式中 $u_{ce}=-i_c R_c$，负号表明 U_{ce} 的变化方向和 i_c 相反。U_{CE} 经过输出耦合电容 C_2，直流成分 U_{CE} 被隔断，交流成分 u_{ce} 被畅通地传送到输出端并成为输出电压 u_o。

由于输出端得到了一个与输入电压反相的输出电压 u_o，因此，该放大电路通常也被称为反相放大器。

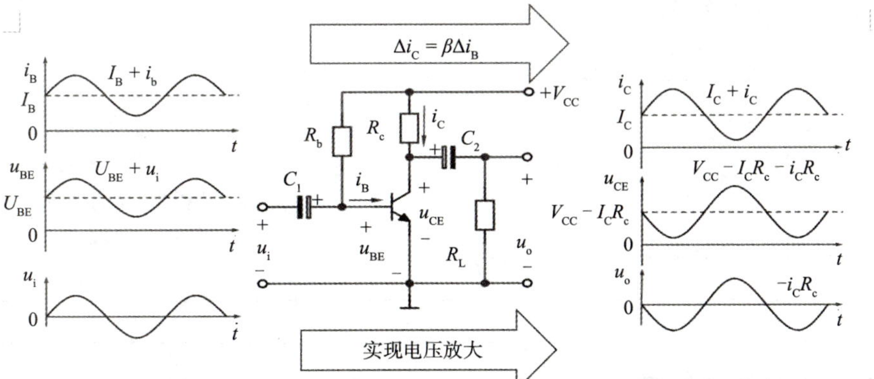

输入回路工作波形　　共射放大电路　　输出回路工作波形

图 2-20　共射极放大电路工作过程及各级电压、电流的工作波形

直流通路是放大电路在 $u_i=0$，仅 V_{CC} 作用下直流电流所流过的路径。单级共射放大电路及直流通路如图 2-21 所示。画直流通路的原则：

（1）输入信号 u_i 短路；

（2）电容视为开路（电容所在支路断开）；

（3）电感视为短路。

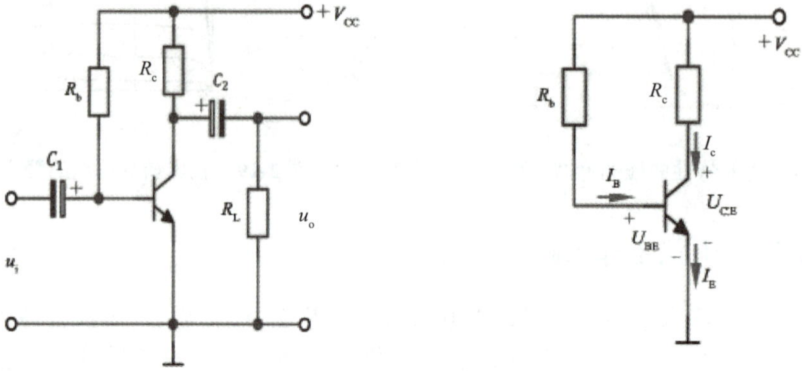

图 2-21　单级共射放大电路及直流通路

估算静态工作点：根据放大电路的直流通路求 I_{BQ}、I_{CQ}、I_{EQ} 和 U_{CEQ} 这四个量。由图 2-21 所示的直流通路，可以得到固定偏置放大电路的静态工作点计算公式如下：

$$I_{BQ}=\frac{V_{CC}-U_{BEQ}}{R_b}\approx\frac{V_{CC}}{R_b}\qquad I_{CQ}\approx\beta I_{BQ}$$

$$U_{CEQ}=V_{CC}-I_{CQ}R_c$$

三、画交流通路及动态分析

交流通路是放大电路在 $V_{CC}=0$，仅 u_i 作用下交流电流所流过的路径。单级共射放大电路交流通路如图 2-22 所示。画交流通路的原则：

（1）由于耦合电容容量大，所有耦合电容视为通路；

（2）电源电压对地短路。

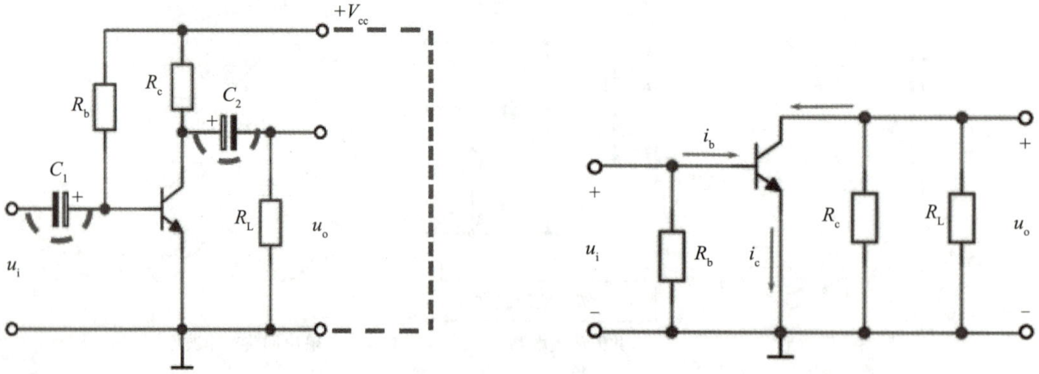

图 2-22　单级共射放大电路交流通路

动态性能指标：放大倍数、输入电阻 R_i、输出电阻 R_o 的估算。根据放大电路的交流通路求 A_u、R_i 和 R_o 这些主要参数。在图 2-22 单极共射放大电路的交流通路中，三极管 b、e 之间存在一个等效电阻 r_{be}，通常用下式近似计算：

$$r_{be}=300+(1+\beta)\frac{26(\text{mV})}{I_E(\text{mA})}$$

电压放大倍数 A_u 根据放大倍数的定义，从电路的交流通路上可得

$$U_i=I_i(R_b//r_{be})\approx I_b r_{be}$$

$$U_o=-I_c(R_c//R_L)=-I_c R'_L$$

故电压放大倍数为

$$A_u=\frac{U_o}{U_i}=-\frac{I_c R'_L}{I_b r_{be}}=-\beta\frac{I_b R'_L}{I_b r_{be}}$$

$$A_u=-\beta\frac{R'_L}{r_{be}}$$

输入电阻 R_i：R_i 是从放大电路的输入端看进去的等效电阻，$U_i=I_i(R_b//r_{be})$，所以输入电阻为 $R_i=R_b//r_{be}$。

输出电阻 R_o：根据输出电阻 R_o 的定义，R_o 是从放大电路输出端（负载 R_L 之前）看进去的等效内阻，可以得出 R_o=R_c。当放大电路不接负载 R_L 时，则放大倍数为

$$A'_u=-\beta\frac{R_c}{r_{be}}$$

例：在如图 2-23 所示电路中，已知 V_{CC}=12 V，R_b=300 kΩ，R_c=3 kΩ，R_L=3 kΩ，β=50，试求：

（1）R_L 接入和断开两种情况下电路的电压放大倍数 A_u；

（2）输入电阻 R_i 和 R_o。

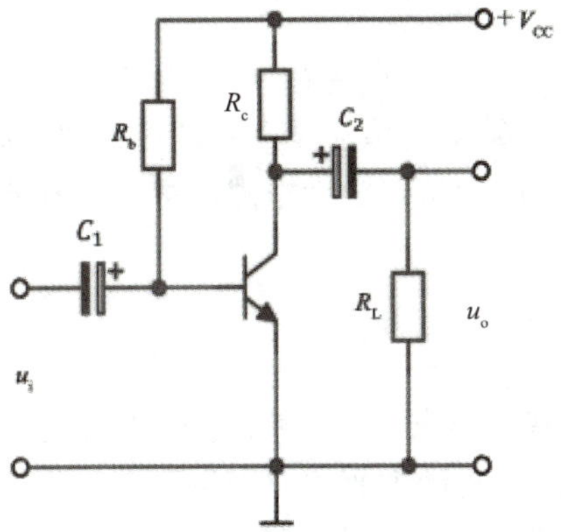

图 2-23　共射极基本放大电路

解：先求静态工作点

$$I_{BQ}=\frac{V_{CC}-U_{BEQ}}{R_b}\approx\frac{V_{CC}}{R_b}=\frac{12}{300}\text{mA}=40\ \mu\text{A}$$

$$I_{CQ} \approx \beta I_{BQ} = 50 \times 0.04\ \text{mA} = 2\ \text{mA}$$

$$U_{CEQ} = V_{CC} - I_{CQ}R_c = 12\ \text{V} - 2 \times 3\ \text{V} = 6\ \text{V}$$

然后求三极管的动态输入电阻，输入、输出电阻示意图如图 2-24 所示。

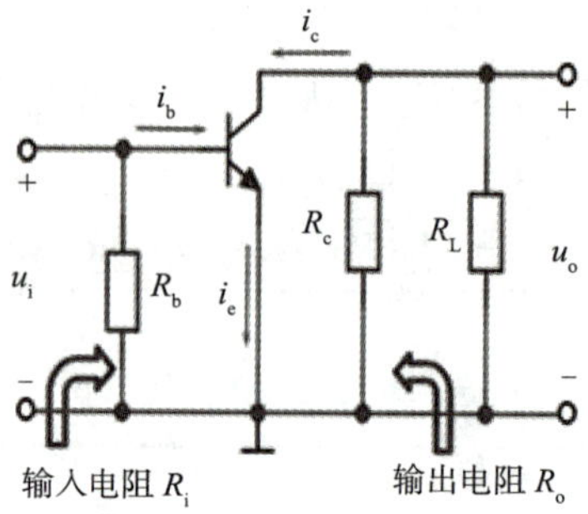

图 2-24　输入、输出电阻示意图

$$r_{be} = 300 + (1+\beta)\frac{26(\text{mA})}{I_E(\text{mA})} = 300 + (1+50)\frac{26(\text{mV})}{2(\text{mA})} = 0.963\ \text{k}\Omega$$

（1）R_L 接入时的电压放大倍数

$$A_u = -\frac{\beta R'_L}{r_{be}} = -\frac{50 \times \dfrac{3 \times 3}{3+3}}{0.963} \approx -78$$

R_L 断开时的电压放大倍数

$$A'_u = -\frac{\beta R_c}{r_{be}} = -\frac{50 \times 3}{0.963} \approx -156$$

（2）输入电阻 R_i 为

$$R_i = R_b // r_{be} = 300//0.963 \approx 0.96\ \text{k}\Omega$$

（3）输出电阻 R_o 为

$$R_o = R_c = 3\ \text{k}\Omega$$

共射基本放大电路结构简单，只要电源 V_{CC} 和基极偏置电阻 R_b 固定，I_B 也就固定了，所以又称为固定偏置放大电路。固定偏置放大电路的静态工作点变动到不合适的位置时将引起放大信号失真。

四、波形失真

通常对放大电路有一个基本要求，就是输出信号不失真。失真是指输出波形与输入信号的波形各点不成比例。引起失真最主要的原因是静态工作点位置选择不当。

在图 2-25 中，可以看到，如果静态工作点的位置太低，当输入是正弦电压时，在它的负半周期，三极管进入截止区工作，造成 i_C 的负半周和 u_{CE} 的正半周被削平。这是由于三极管进入截止区引起的，称为截止失真。

如果静态工作点选得太高，在输入电压的正半周，三极管进入饱和区工作。这时 i_B 不失真，至 i_C 在正半周的大部分时间都停留在集电极饱和电流附近，虽然 i_B 按正弦规律上升，但 i_C 无法增大，所以产生严重的失真。由于 u_{CE} 与 i_C 成正比，所以 u_{CE} 也产生同样的失真。这是由三极管进入饱和区引起的，称为饱和失真。

由于它们都是晶体管的工作状态离开线性放大区进入非线性的饱和区和截止区所造成的，因此叫做非线性失真。显然，为了获得幅度大而不失真的交流输出信号，放大器的静态工作点应选在交流负载线的中点 Q 处。

因此，要放大电路不产生非线性失真，必须有一个合适的静态工作点。

用示波器观察图 2-25 中的输出波形，调整偏流电阻 R_b，使输出波形不失真，就可找到合适的静态工作点。

找到合适的静态工作点后还有一个任务，就是要把它稳定下来，最常用的方法是分压偏置加上直流反馈电路。

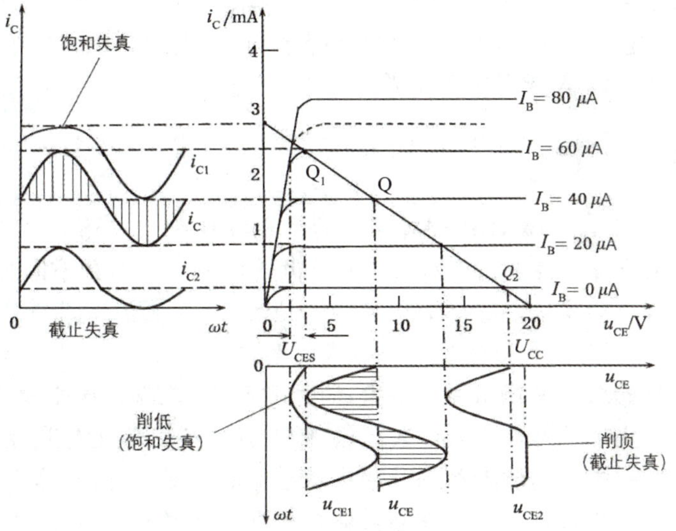

图 2-25　静态工作点对输出波形的影响

五、分压式偏置放大电路的组成

1. 电路结构

如图 2-26 所示的电路为分压式偏置放大电路，R_{b1}、R_{b2} 分别为上、下偏置电阻，V_{CC} 通过 R_{b1} 和 R_{b2} 分压后，为三极管 VT 提供基极偏置电压。R_e 为发射极电阻，起稳定静态工作点作用。C_e 称为射极旁路电容，由于 C_e 容量较大，对交流信号来讲，相当于短路，从而减小了电阻 R_e 对交流信号放大能力的影响。

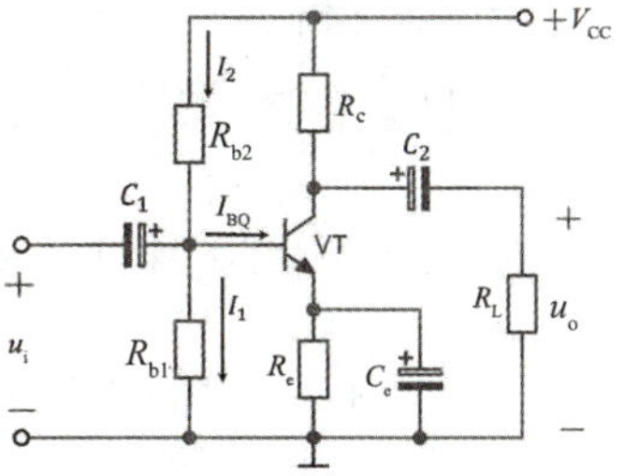

图 2-26　分压式偏置放大电路

2. 稳定静态工作点的过程

放大电路基极电位 U_{BQ} 为

$$U_{BQ}=\frac{R_{b1}}{R_{b1}+R_{b2}}V_{CC}$$

分压式偏置放大电路的基极电压由 R_{b1}、R_{b2} 分压决定，而与三极管的参数无关。当温度升高，分压式偏置放大电路稳定工作点的过程可表示为 T(温度)↑(或 β↑)→ I_{CQ}↑→ I_{EQ}↑→ U_{EQ}↑→ U_{BEQ}↓→ I_{BQ}↓→ I_{CQ}↓。

在上述稳定静态工作点的过程中，发射极电阻 R_e 起着重要的反馈作用。当输出回路电流 I_C 发生变化时，通过 R_e 上的电压变化来影响 b、e 间的电压，从而使基极电流 I_B 向相反方向变化，从而抑制了集电极电流 I_{CQ} 的增大，自动稳定了电路的静态工作点。

任务拓展

(1)设计一个手机外放音响。

(2)如果单一的共射极放大电路不能满足放大要求，可以尝试设计多级放大电路。

(3)单纯的放大电路在实际应用中会存在噪声问题，人们会用差分放大电路来解决这一问题，请大家查阅资料了解差分放大电路。

拓展阅读

1947 年 12 月 23 日，美国新泽西州墨累山的贝尔实验室里，三位科学家——巴丁博士、布莱顿博士和肖克莱博士在紧张而又有条不紊地做着实验。他们在导体电路中进行用半导体晶体把声音信号放大的实验。三位科学家惊奇地发现，在他们发明的器件中通过一部分微量电流，竟然可以控制另一部分流过的大得多的电流，因而产生了放大效应。这个器件就是在科技史上具有划时代意义的成果——晶体管。因它是在圣诞节前夕发明的，而且对人们未来的生活产生巨大的影响，所以被称为“献给世界的圣诞节礼物”，这三位科学家也因此共同荣获了 1956 年诺贝尔物理学奖。晶体管促进并带来了“固态革命”，进而推动了全球范围内的半导体电子工业的发展。作为主要部件，它首先在通信工具方面得到普遍应用，并且产生了巨大的经济效益。由于晶体管彻底改变了电子线路的结构，集成电路以及大规模集成电路应运而生，这样，像高速电子计算机之类的高精密装置也就变成了现实。

习题检测

一、填空题

1. 晶体三极管中有两个 PN 结，其中一个 PN 结叫作____________，另一个叫作____________。

2. 三极管工作在放大区时，其发射结两端加____________，集电结两端加____________。

3. 三极管输出特性是指____________和__________的数量关系。

4. 输入电压为 400 mV，输出电压为 4 V，则放大电路的电压放大倍数为__________。

5. 三极管饱和时，必须保证三极管发射结______，集电结____，三极管处于饱和状态。

二、判断题

1. 放大电路必须加上合适的直流电源才能正常工作。 ( )

2. 为使晶体管处于放大工作状态，其发射结应加反向电压，集电结应加正向电压。 ( )

3. 无论是哪种晶体三极管；当处于放大工作状态时，b 极电位总是高于 e 极电位，e 极电位也总是高于 b 极电位。 ( )

4. 晶体三极管的发射区和集电区是由同一类半导体（N 型或 P 型）构成的，所以 e 极和 c 极可以互换使用。 ( )

5. 晶体三极管的电流放大系数 β 随温度的变化而变化，温度升高，β 降低。 ( )

6. 放大器的静态工作点一经设定后，不会受外界因素的影响。 ( )

7. 在单管放大电路中，若 V_{CC} 不变，只要改变集电极电阻 R_c 的值就可改变集电极电流 I_C 的值。 ( )

8. 放大器常采用分压式偏置电路，主要目的是为了提高输入阻抗。 ( )

9. 晶体三极管出现饱和失真是由于静态电流 I_{CQ} 选得偏低。 ( )

10. 共发射极放大器的输出信号和输入信号反相。 ( )

三、选择题

1. 晶体三极管的发射结正偏，集电结反偏时，晶体三极管所处的状态是（ ）。

A. 放大状态　B. 饱和状态　C. 截止状态　D. 导通状态

2. 晶体三极管的两个 PN 结都反偏时，晶体三极管所处的状态是（ ）。

A. 放大状态　B. 饱和状态　C. 截止状态　D. 导通状态

3. 当晶体三极管反偏时，晶体三极管的集电极电流将（ ）。

A. 增大　B. 反向　C. 中断　D. 不变

4. 晶体三极管工作在饱和状态时，它的 I_C 将（ ）。

A. 随 I_B 增加而增加　B. 随 I_B 增加而减小

C. 与 I_B 无关，只决定于 R_c 和 V_{CC}　D. 与 I_B 无关，取决于 R_b 和 V_{CC}

5. 用万用表测得 NPN 型晶体三极管各电极对地的电位是：V_B=4.7 V，V_C=4.3 V，V_E=4 V，则该晶体三极管的工作状态是（ ）。

A. 饱和状态　B. 截止状态　C. 放大状态　D. 导通状态

6. 工作在放大区的某三极管，如果当 I_B 从 12 μA 增大到 22 μA 时，I_C 从 1 mA 变为 2 mA，那么它的 β 约为（ ）。

A. 83　B. 91　C. 100　D. 120

7. 欲使 NPN 型三极管具有放大功能，其外部条件是（ ）。

A. $U_{BE}>0$　$U_{BC}>0$　B. $U_{BE}<0$　$U_{BC}<0$　C. $U_{BE}>0$　$U_{BC}<0$　D. $U_{BE}<0$　$U_{BC}>0$

8. 放大电路的交流通路是指（ ）。

A. 电压回路　B. 电流回路

C. 交流信号流通的回路　D. 电压和电流回路

9. 在实际工作中，调整共射极基本放大器的静态工作点一般是通过改变（ ）。

A. 发射极电阻　B. 集电极电阻　C. 基极电阻　D. 基极电压

10. 以下表示放大电路中交流分量瞬时值的是(　　)。

A. I_B　　B. i_b　　C. i_B　　D. I_b

四、计算分析题

1. 测得放大电路中的三极管 3 个电极①、②、③的电流大小和方向如图 2-27 所示。试判断三极管的类型(NPN 或 PNP),说明①、②、③中哪个是基极 b、发射极 e、集电极 c,求出电流放大系数 β。

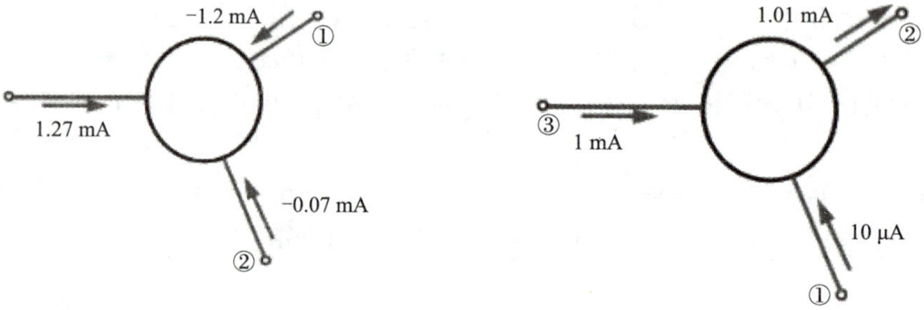

图 2-27　题 1 图

2. 在工作正常的放大电路中,测得 4 个三极管相对于电路公共端电压如图 2-28 所示,试判断各三极管的类型及各引脚对应的电极名称。

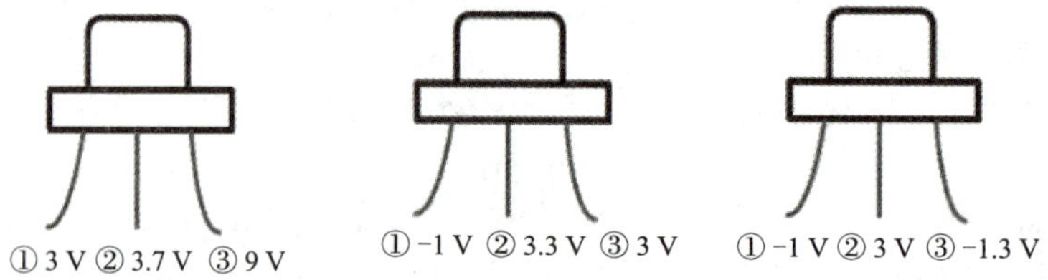

图 2-28　题 2 图

3. 用万用表直流电压挡测得三极管的各极对地电位如图 2-29 所示,判断这些三极管分别处于哪种工作状态(饱和、放大或截止)。

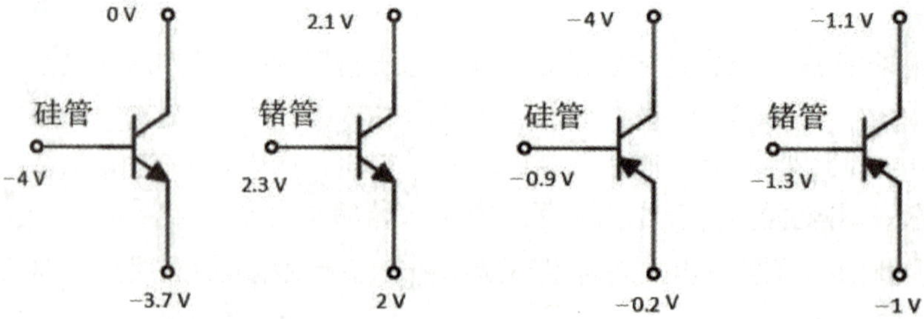

图 2-29　题 3 图

4. 三极管放大电路如图 2-30 所示,已知 V_{CC}=+12 V,R_c=3 kΩ,R_b=300 kΩ,β=60。试求:

（1）放大电路的静态工作点 I_{BQ}、I_{CQ}、U_{CEQ}；
（2）接有负载 R_L=10 kΩ 时的电压放大倍数 A_u 及不接负载时的电压放大倍数 A'_u；
（3）放大器的输入电阻 R_i 和输出电阻 R_o。

5. 图 2-31 电路中，已知 V_{CC}=10 V，β=50。若要求 I_{CQ}=2 mA、U_{CEQ}=5 V，请完成以下题目。
（1）画出放大电路的交、直流通路。
（2）求出电路中的 R_b、R_c 的值。

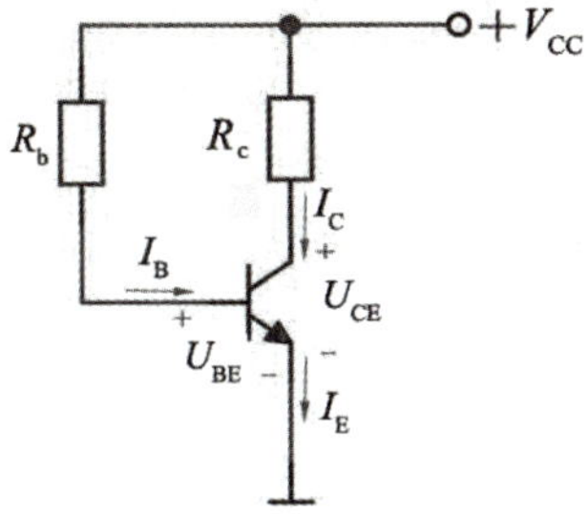

图 2-30　题 4 图

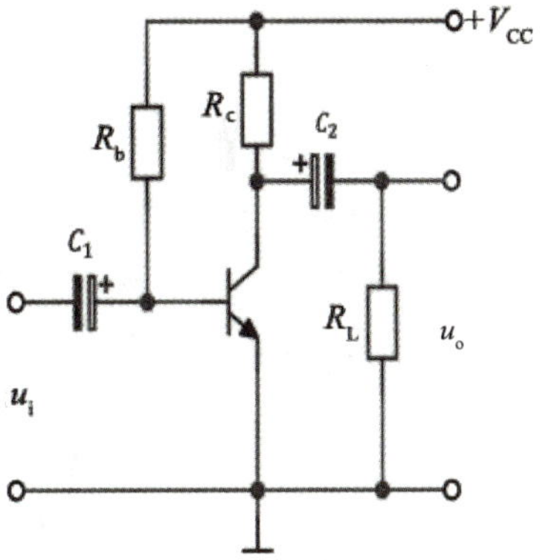

图 2-31　题 5 图

学习情境 3

手持功率放大器的制作与调试

2023 年杭州亚运会的背景声音给很多人留下了深刻的印象。音频功率放大器的作用在杭州亚运会中显得尤为重要。作为一种能够将微弱的电信号转换成强大的音频信号的设备，音频功率放大器在赛场、开幕式和闭幕式等场合中扮演着重要的角色。它能够放大赛场环境声、观众欢呼声等声音信号，营造赛场氛围，提升观众观赛体验。在开幕式、闭幕式等场合，它放大声音信号，让观众更清晰地听到每一个音符和字符。在电视转播中，它也让电视观众能更清晰地听到亚运会中的每一个细节和声音。本任务通过制作手持功率放大器，了解电路原理，培养学生的实践操作能力、自主学习知识能力以及职业能力。功率放大器实物图如图 3-1 所示。

图 3-1　功率放大器实物图

学习目标

【知识目标】

1. 掌握集成运放的符号及引脚功能、主要参数及理想特性；
2. 了解集成运放的基本应用电路；
3. 了解负反馈的组成、反馈类型及四种组态；
4. 掌握 OTL、OCL 功率放大器的工作原理；
5. 了解典型功放电路的引脚功能。

【能力目标】

1. 会连接制作反相输入放大器；
2. 能够进行反相输入放大器的调试；
3. 能按工艺要求装接典型功放电路；
4. 会用仿真软件对功放电路进行验证；
5. 会判断并检修功率放大器的简单故障。

【素养目标】

1. 通过项目的分组实施培养学生的团队合作精神；
2. 通过项目负责人的方式培养学生的组织协调管理的意识；
3. 通过课外收集资料拟定方案等活动培养学生自主探究的学习习惯；
4. 自主、安全地按照操作规程进行电路模拟仿真、连线及测试；
5. 自觉保持、维护实训室卫生、环境安全，达到 5S 要求。

知识导图

手持功率放大器的制作与调试知识导图如图 3-2 所示。

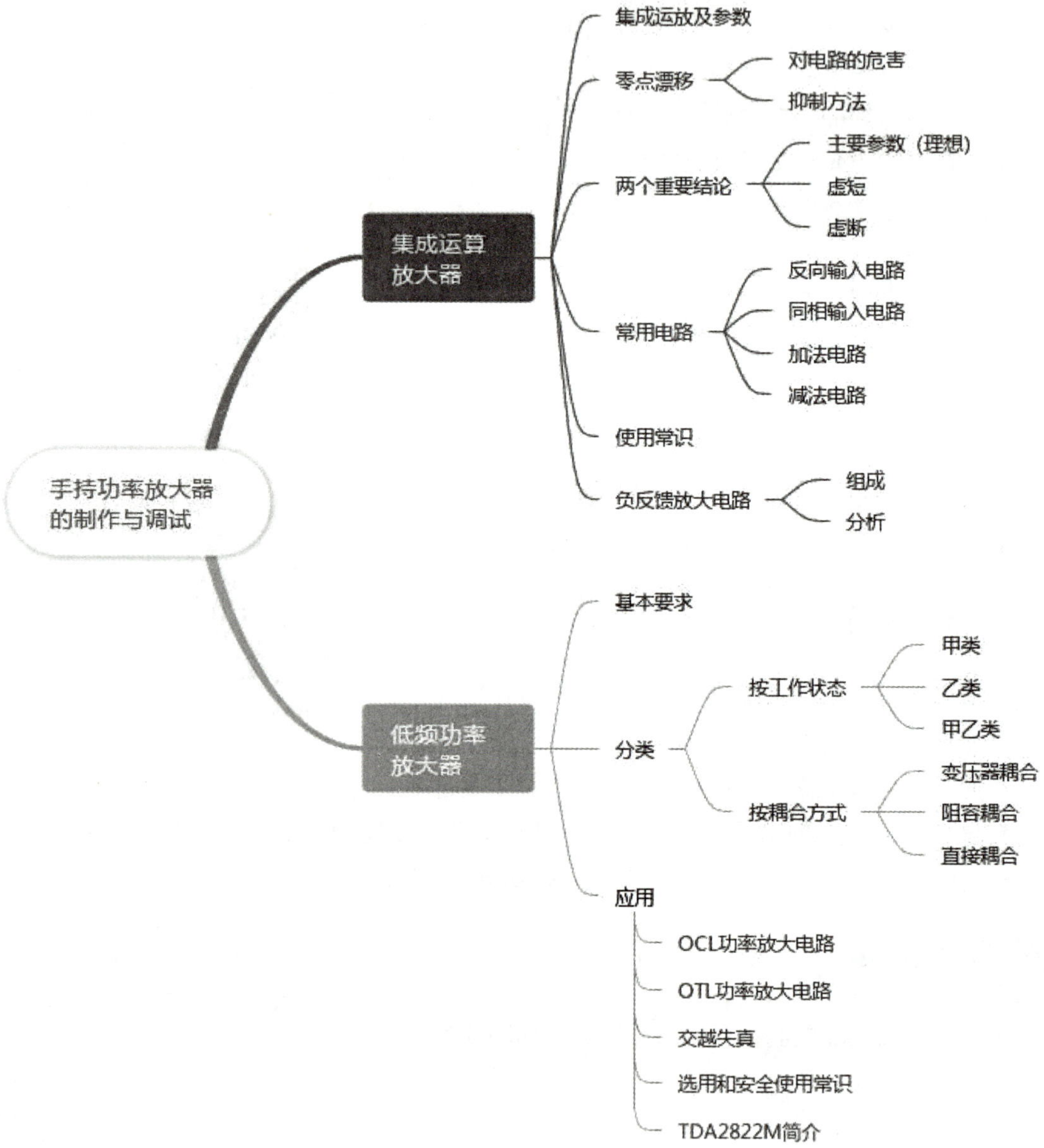
手持功率放大器的制作与调试
集成运算放大器
集成运放及参数
零点漂移
对电路的危害
抑制方法
两个重要结论
主要参数（理想）
虚短
虚断
常用电路
反向输入电路
同相输入电路
加法电路
减法电路
使用常识
负反馈放大电路
组成
分析
低频功率放大器
基本要求
分类
按工作状态
甲类
乙类
甲乙类
按耦合方式
变压器耦合
阻容耦合
直接耦合
应用
OCL功率放大电路
OTL功率放大电路
交越失真
选用和安全使用常识
TDA2822M简介

图 3-2　知识导图

任务书

任务书

专业班组		班长		日期	
学习任务:某旅游公司最近订购了一批手持功率放大器,具体要求能满足导游的日常讲解,现将任务交付给你们,请完成手持功率放大器电路的设计、安装与调试					
检查意见:					
签章:					

任务分组

学生任务分配表

组长	职　责			
组员	姓名	任务	姓名	任务

获取信息

引导问题1:手持功率放大器由什么组成?

____

____

____

____

引导问题2:反馈就是指放大电路的____________通过一定的方式引回到______,影响____________。

引导问题3:根据反馈极性的不同,反馈分为________和________。凡是反馈的结果使输出量的变化减小的反馈称为__________,否则为__________;或者,反馈的结果使净输入量减小的为__________,否则为__________。

引导问题 4:直流反馈和交流反馈的判断依据是什么?

引导问题 5:电压反馈和电流反馈的判断依据是什么?

引导问题 6:串联和并联反馈的判断方法是什么?

引导问题 7:交流负反馈的四种组态包括:__________、__________、__________、__________。

引导问题 8:基本放大电路的放大倍数 $\dot{A}$ 及反馈系数 $\dot{F}$ 相乘我们称为__________,只有 $\dot{A}\dot{F}$ ______0(>,< 或 =),电路引入的才是负反馈。

引导问题 9:负反馈对放大电路性能指标有哪些影响?

引导问题 10:为了稳定放大电路的输出电压,应引入__________负反馈;为了稳定放大电路的输出电流,应引入__________负反馈;为了增大放大电路的输入电阻,应引入__________负反馈;为了减小放大电路的输入电阻,应引入__________负反馈;为了增大放大电路的输出电阻,应引入__________负反馈;为了减小放大电路的输出电阻,应引入__________负反馈。

引导问题 11:为了稳定静态工作点应选用__________负反馈。

引导问题 12:集成运算放大电路采用__________耦合方式。

引导问题 13:请画出集成运算放大器的组成框图。

引导问题 14:集成运算放大器的偏置电路是采用__________电路,作用是__________。

引导问题 15:输入级是采用__________电路,作用是

________________________________。

引导问题 16：中间级是采用____电路，作用是________________________________。

引导问题 17：输出级是采用____电路，作用是________________________________。

引导问题 18：差分放大电路主要有__________、__________和__________三种类型。

引导问题 19：差模信号是指________________________________；共模信号是指________________________________。

引导问题 20：放大电路对__________输入电压的放大倍数称为__________电压放大倍数，用 A_d 表示，A_d =__________；共模电压放大倍数 A_c =__________，称为差分放大电路的__________，它的定义为__________（dB），K_{CMR} 越大，抑制__________的能力越强。

引导问题 21：集成运放的中间级，主要任务是提供足够大的__________，不仅要求中间级本身具有较高的__________，同时为了__________对前级的影响，还应具有较高的__________。另外，中间级还应向__________提供较大的推动电流，并能根据需要实现单端输入至__________输出，或__________输入至单端输出的转换。

引导问题 22：功率放大电路要求输出功率__________，效率__________。功率放大电路中的三极管都工作在__________状态。

引导问题 23：OCL 电路称为__________________，如图 3-3 所示。VT1 为__________型管，VT2 为__________型管，它们的特性____________。在静态时，U_{EQ} =__________。当在输入端加入一个正弦信号时，在信号正半周时，VT1__________，VT2__________；在信号负半周时，VT1__________，VT2__________，U_{om} =______________。

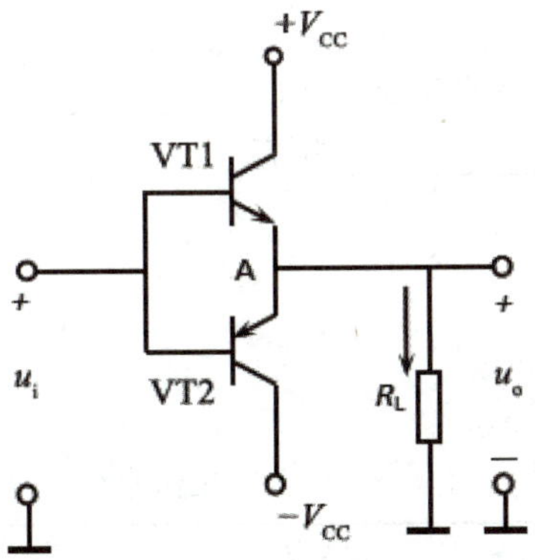

图 3-3　OCL 电路原理图

引导问题 24：OTL 电路称为____________________，如图 3-4 所示。VT1 为__________型管，VT2 为__________型管，它们的特性__________，电容 C 要求是大电容。在静态时，U_{EQ} =__________，电容上的电压等于__________，当在输入端加入一个正弦信号时，在信号正半周时，VT1__________，VT2__________；在信号负半周时，VT1__________，VT2__________，此功率放大电路的最大不失真输出电压 U_{om} =________________。

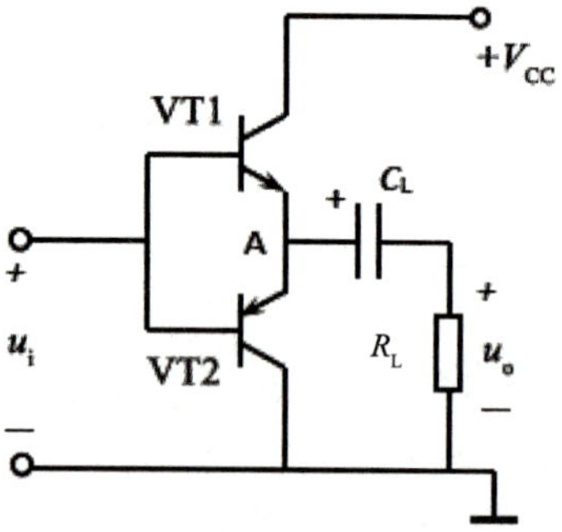

图 3-4　OTL 电路原理图

引导问题 25:乙类功率放大电路为什么会产生交越失真?实际的功放电路如何消除交越失真?

____

____

____

引导问题 26:功率放大电路与电压放大电路相比有什么区别?电路的基本要求是什么?

____

____

____

引导问题 27:功率放大电路按电路输出端与负载间的耦合方式,分为哪几类?

____

____

____

引导问题 28:功率放大电路要求输出功率__________,效率__________。功率放大电路中的三极管都工作在__________状态。

工作计划

1. 制定工作方案。

(　　　　　　)工作方案

步骤	工作内容	负责人
1		
2		
3		
4		
5		
6		

2. 写出手持功率放大器线路的工作原理。

3. 列出仪表、工具、耗材和器件清单。

仪表、工具、耗材和器件清单

序号	名称	型号与规格	单位	数量	备注

4. 画出手持功率放大器的线路布置图、接线图。

进行决策

1. 各组派代表阐述设计方案。

2. 各组对其他组的设计方案提出自己不同的看法。

3. 教师结合大家完成的情况进行点评，选出最佳方案。

工作实施

（1）按照本组制定的计划（最佳方案）实施手持功率放大器电路的仿真。利用仿真软件对电路进行仿真（可扫码观看二维码参考内容），在学习平台上传结果。完成后进行截屏，录屏后上交作品。

（2）领取元器件、材料工具等。

手持功率放大器电路的设计仿真

手持功率放大器电路装配

手持功率放大器电路调试与测量

元器件、材料工具列表

序号	器件名称	数量	序号	器件名称	数量

（3）检查元器件，填写工具、耗材和器件清单。在电路安装前，要对整机所用的元器件进行检测，以减少后期故障的发生。对照元件的标称值，测得元件在误差范围内可用，否则需要更换器件。识读后测量并填写表格。

①色环电阻：识读颜色，读出阻值和允许误差，再用万用表测量阻值，判断质量好坏。

②电容：查看外形有无破损，尤其是瓷片电容，再识别参数判断质量好坏；对于有极性的电解电容，判断其正负极，并用万用表测量其好坏。

③二极管：通过外形判断其正负极，再用万用表对其极性和质量进行测量。小功率二极管选用测量电阻的挡位 $R\times100$ 或 $R\times1$ K，发光二极管选用 $R\times10$ K 挡。

④集成电路：掌握管脚排列的方法，并正确识读。

引导问题：本项目中的集成电路采用____________检测方法。理由是______________________________________。

⑤扬声器：使用万用表 $R\times1$ 挡测量扬声器的两个管脚，如果扬声器发出“呲呲”的电流声基本上就是好的，再观察扬声器的纸盆有无破损。

（4）安装元器件。安装元器件时，注意带极性的元件，并按要求正确连接，集成电路的引脚不得装错。焊接元件时，注意工艺要求，元件装接高度以及管脚如何处理，焊装管脚要光滑，防止虚焊和毛刺。

（5）电路检测。

①通电前的检查。认真对照电路原理图，检查装接有无错误，检查焊接情况，有无虚焊、漏焊或者毛刺、短路等，仔细检查有极性的元件是否接反，元件规格是否符合要求。借助万用表检测电路的主电源连接端的电阻，用 $R\times1$ K 挡位测试，阻值应该大于 1 kΩ，若阻值很小，说明电路有短路现象。

②通电检测。将电路接通电源进行功能测试，通过麦克风喊话听输出的声音的大小。同时用万用表的直流电压挡测量集成电路各引脚对地电压并记录。

评价反馈

各组代表展示作品，介绍任务的完成过程。作品展示前准备阐述资料，填写阐述项目表，并完成下列评价表。

学生自评表

任务	完成情况记录
任务是否按计划时间完成	
相关理论完成情况	
技能训练情况	
任务完成情况	
任务创新情况	
材料上交情况	
收获	

学生互评表

序号	评价项目	小组互评	教师评价	总评
1	任务是否按时完成			
2	材料完成上交情况			
3	作品质量			
4	语言表达能力			
5	小组成员合作面貌			
6	创新点			

教师评价表

序号	评价项目	自我评价	互相评价	教师评价	综合评价
1	学习准备				
2	引导问题填写				
3	规范操作				
4	完成质量				
5	关键操作要领掌握				
6	完成速度				
7	5S 管理、环保节能				
8	参与讨论主动性				
9	沟通协作				
10	展示汇报				

注:评价等级统一采用 A(优秀)、B(良好)、C(合格)、D(努力)四级。

学习情境的相关知识点

知识点 1:放大电路中的反馈

1. 反馈的定义

反馈是指将放大电路输出信号(电压或电流)的一部分或全部,按一定方式送回到输入端,并与输入信号叠加的过程。信号反馈所经过的路径,称为反馈网络。如果反馈信号减弱了净输入信号,此反馈称为负反馈;如果反馈的信号加强了净输入信号,此反馈称为正反馈。

由基本放大器和反馈电路所组成的电路,称为反馈放大器。它们之间有两个连接点,一个称为“取样”点,它是基本放大电路的输出端,反馈信号从此处取出;另一个是“比较”点,它是基本放大电路的输入端,是将来自信号源的输入信号与反馈电路的反馈信号进行相减后送到基本放大电路的输入端。其组成框图如图 3-5 所示。X_i 是指整个电路的输入信号,X_i' 是指基本放大器净输入信号,X_o 是指电路的输出信号,X_f 是经反馈网络返回输入

放大电路中的反馈

端的反馈信号。

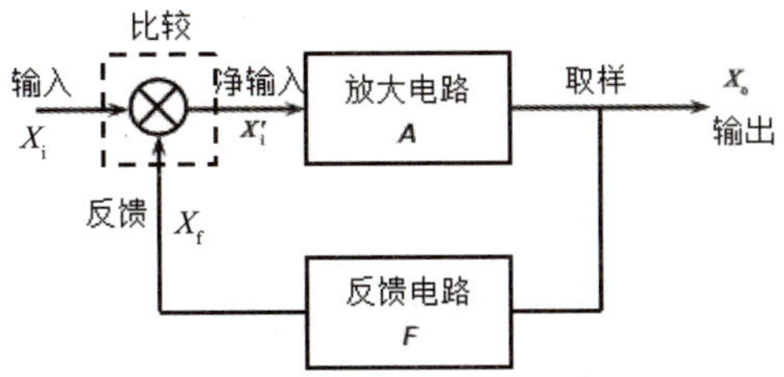

图 3-5　反馈放大器

2. 反馈的极性

反馈系数　　$F=\frac{X_f}{X_o}$

开环放大倍数　　$A=\frac{X_o}{X_i'}$

3. 闭环放大倍数

如图 3-5 所示，由基本放大电路 A 和反馈电路 F 构成一个闭环放大器。

闭环放大倍数　　$A_f=\frac{X_o}{X_i}=\frac{A}{1+AF}$

其中，$1+AF$ 称为反馈深度。

4. 反馈放大器的电路类型

1）反馈类型

若将直流量反馈到输入端，称为直流反馈，多用于稳定放大电路的静态工作点。若将交流量反馈到输入端，称为交流反馈，多用于改善放大器的动态性能。引入反馈信号后使净输入信号增加的反馈，称为正反馈，多用于振荡电路和脉冲电路。引入反馈信号后使净输入信号减小的反馈，称为负反馈，多用于改善放大器的性能。

引入交流负反馈后的放大电路，称为负反馈放大电路。若反馈深度 $1+AF>>1$，则称为深度负反馈，那么

$$A_f=\frac{A}{1+AF}\approx\frac{A}{AF}=\frac{1}{F}$$

2）负反馈放大电路的四种组态

根据反馈电路和基本放大电路在输出端的接法，可将反馈分为电压反馈和电流反馈。

电压反馈：如图 3-6（a）所示，反馈电路与基本放大电路在输出端并联，反馈信号取自输出电压的反馈，可以减小输出电阻，稳定输出电压。

电流反馈：如图 3-6（b）所示，反馈电路与基本放大电路在输出端串联，反馈信号取自输出电流的反馈，可以增大输出电阻，稳定输出电流。

（a）电压反馈　　（b）电流反馈

图 3-6　电压反馈图和电流反馈图

根据反馈电路和基本放大电路在输入端的接法，可以将反馈分为串联反馈和并联反馈。

串联反馈：如图 3-7（a）所示，反馈电路与基本放大电路在输入端串联，反馈信号与输入信号以电压方式相叠加，提高输入电阻。

并联反馈：如图 3-7（b）所示，反馈电路与基本放大电路在输入端并联，反馈信号与输入信号以电流方式相叠加，减小输入电阻。

（a）串联反馈　　（b）并联反馈

图 3-7　串联反馈图和并联反馈图

这样，交流负反馈放大电路有四种组态：电压串联负反馈、电流串联负反馈、电压并联负反馈和电流并联负反馈，如图 3-8 所示。

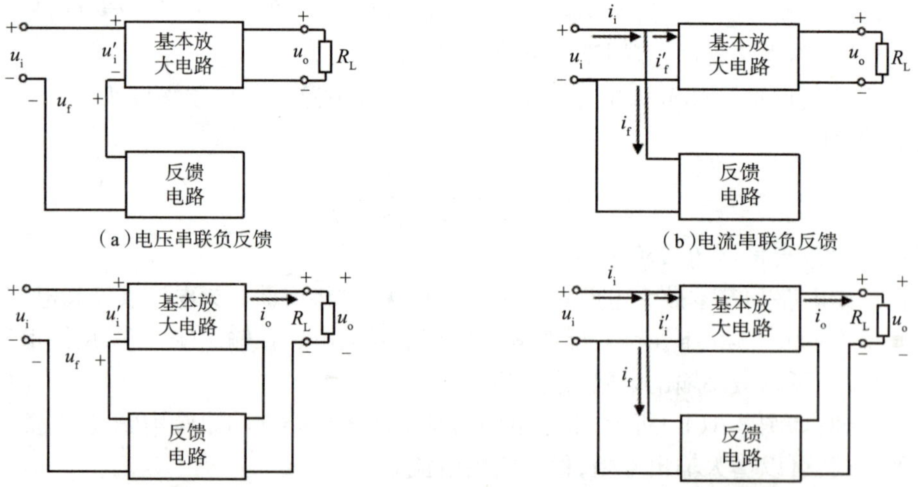

（a）电压串联负反馈　　（b）电流串联负反馈

（a）电压并联负反馈　　（b）电流并联负反馈

图 3-8　交流负反馈放大电路四种组态

5. 负反馈对放大器性能指标的影响

放大电路引入负反馈后，其放大倍数会下降，这是负反馈放大电路的一个缺点，但它也从许多方面改善了放大电路的性能。

（1）提高放大倍数的稳定性。由于温度、电源电压等因素的影响，电路的放大倍数会随着变化而不稳定。引入负反馈之后，通过对放大倍数的自动调节，可以提高其稳定性。

（2）减小非线性失真。由于三极管是非线性元件，因此，当输入信号较大时，会因三极管输入的非线性特性而使基本放大电路的输出信号产生非线性失真，引入负反馈之后，可以改善信号的失真状况。

（3）展宽通频带。每个放大电路都有一定的通频带，超过通频带范围，放大电路的放大倍数会显著下降。引入负反馈之后，在低频段和高频段，由于输出信号减小，经反馈电路回送输入端的反馈信号随之减小，净输入信号减少，使放大电路的放大倍数下降得少。而在中频段，输出信号较大，经反馈电路回送输入端的反馈信号也较大，净输入信号减少较多，使放大电路的放大倍数下降得多一些。

（4）改变输入、输出电阻。负反馈放大电路对输入电阻的影响主要取决于反馈电路与输入端的连接方式。串联负反馈使输入电阻增大，并联负反馈使输入电阻减小。负反馈放大电路对输出电阻的影响主要取决于反馈电路与输出端的连接方式。电压负反馈使输出电阻减小，电流负反馈使输出电阻增大。

负反馈放大电路是以减小放大倍数为代价，提高放大倍数的稳定性；减小非线性失真；扩展频带宽度；改变输入、输出电阻，从而改善放大电路的性能。因此，负反馈在放大电路中得到了广泛的应用。

知识点 2：集成运算放大器

集成运算
放大器

集成运算放大器简称运放，是一种具有高增益、高输入阻抗、低输出阻抗的直接耦合多级放大电路，利用半导体制造工艺将多级放大电路制作在同一块半导体基片上。早期的应用主要是模拟数值运算，故称为运算放大器。目前典型应用有电压放大器、振荡器和滤波器等，它们广泛应用于自动控制、精密测量、信号处理、波形产生等领域。

一、集成运算放大器的基本特性

1. 集成运放符号、引脚功能

集成运放电路图形符号如图 3-9 所示。“▷”表示运算放大器，“∞”表示开环增益极高。集成运放有两个输入端，一个输出端 u_o。其中“+”为同相输入端 u_{i+}，“－”为反相输入端 u_{i-}。

以 μA741 为例介绍引脚排列：图 3-10（a）所示的 μA741 就是一块 8 引脚的高增益单运放集成电路，同类产品有 LM741、CD741、F007 等，图 3-10（b）所示的引脚排列图中，引脚 1 和 5 为偏置（调零端），引脚 2 为反相输入端，引脚 3 为同相输入端，引脚 4 为接地端，引脚 6 为输出端，引脚 7 为电源端，引脚 8 为空引脚。

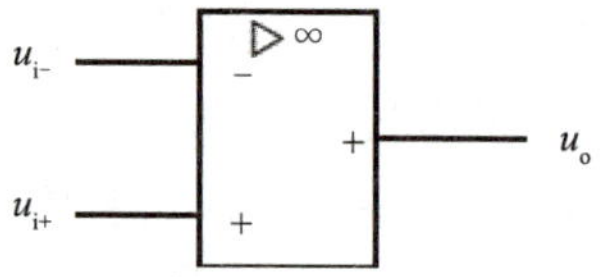

图 3-9　集成运放符号

(a)μA741 实物图

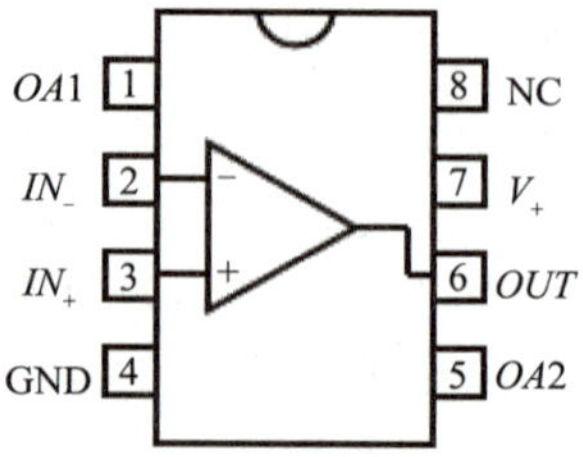

(b)μA741 引脚排列图

图 3-10　μA741 实物图和 μA741 引脚排列图

2. 集成运放组成

集成运算放大器的种类很多,电路也各不相同,但其基本结构具有共同之处,一般集成运放的内部由输入级、中间级、输出级以及偏置电路四部分组成,如图 3-11 所示。

(1)输入级又称前置级。运放输入级由一个高性能的差分放大电路构成,输入电阻高,解决直接耦合放大电路中零点漂移和信号干扰的问题,具有较大的共模抑制比。差分放大电路的两个输入端构成整个电路的反相输入端和同相输入端。

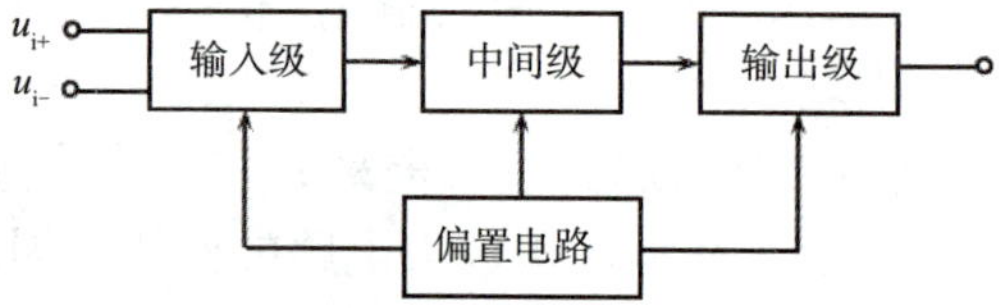

图 3-11　集成运放的内部组成方框图

(2)中间级。中间级的作用是提供高的电压放大倍数,通常由一或两级有源负载放大电路构成。

(3)输出级。集成运放的输出级一般由互补对称电路或准互补对称电路构成,以提高运放的输出功率和带负载能力,能够输出足够大的电压和电流,具有输出电阻小和非线性失真小的特点,一般由设计跟随器或互补电压跟随器组成。

(4)偏置电路为各级提供稳定的静态工作电流,确保静态工作点的稳定。

二、零点漂移的抑制方法

1. 零点漂移

零点漂移是指输入电压为零,但输出电压偏离零值,产生缓慢、无规则的输出电压,简称零漂。零点漂移的产生原因很多,例如电源电压不稳、元器件参数改变、环境温度变化等,其中最主要的因素是温度变化,因为三极管是温度的敏感器件,当温度变化时,其参数 β、V_{BE}、I_{CBO} 都将发生变化,最终导致放大电路静态工作点发生微小而缓慢的变化,这种变化会被后面的直接耦合放大电路逐级放大,最终在输出端产生较大的电压漂移。因此零点漂移也称温漂。

集成运算放大器内部电路均采用直接耦合方式。放大电路的放大倍数越大,输出端的零点漂移现象越严重。输出端的零点漂移会导致控制电路产生误动作,测量电路产生测量误差，严重时还会淹没真正的信号，导致放大电路无法正常工作。因此，为了保证集成运放的正常工作，必须设法抑制零点漂移。

2. 差分放大电路

差分放大电路不但能有效地放大信号，而且还能有效地抑制零点漂移。图 3-12 是差分放大电路的基本形式，它由两个完全对称的单管放大电路连接而成。在电路中，三极管 VT1、VT2 型号一样、特性一样。由于电路只有当两个输入端之间有差别时，输出电压才有变动，所以该电路也称为差分放大电路。

由于差分放大电路完全对称，当 u_i =0 时，$U_o = U_{C1} - U_{C2} = 0$。图 3-12 差分放大电路在理想情况下，由于电路的对称性，输出信号电压采用从两管集电极间提取的双端输出方式，对于无论什么原因引起的零点漂移，均能得到有效抑制。

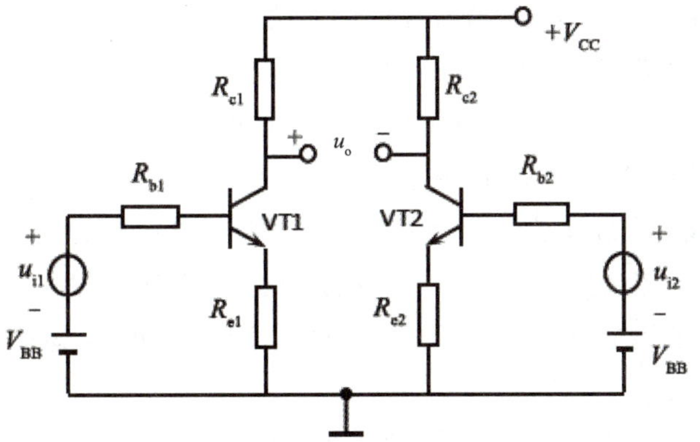

图 3-12　差分放大电路

1）差模输入

在电路的两个输入端输入大小相等但极性相反的信号电压，即 $u_{i1} = -u_{i2}$，这种输入方式称为差模输入。

差模信号——u_{i1} 与 u_{i2} 所加信号为大小相等、极性相反的输入信号（即放大信号）。

这时，$\Delta i_{C1} = -\Delta i_{C2}$，$\Delta u_{C1} = -\Delta u_{C2}$，$u_o = (U_{C1} + \Delta u_{C1}) - (U_{C2} - \Delta u_{C2}) = 2\Delta u_{C1}$，从而实现电压放大。

2）共模输入

在电路的两个输入端输入大小相等但极性相同的信号电压，即 $u_{i1} = u_{i2}$，这种输入方式称为共模输入。

共模信号——以大小相等、极性相同的一对信号加在两管的输入端（由温度变化等因素引起的两管输出漂移电压，相当于有害信号），这时，产生的 $\Delta i_{C1} = \Delta i_{C2}$，$\Delta u_{C1} = \Delta u_{C2}$，$u_o = (U_{C1} + \Delta u_{C1}) - (U_{C2} + \Delta u_{C2}) = 0$，共模输出为零。可见，差分放大电路对共模信号无放大作用，共模信号的电压放大倍数为零。

实际上，差分放大电路不可能完全对称，所以 u_o 不完全为零。u_o 越小，表明电路的对称性越好，对零漂的抑制能力越强。

3)共模抑制比

$$K_{CMR}=\left|\frac{A_{ud}}{A_{uc}}\right|$$

它是反映差分放大器放大有用差模信号和抑制有害共模信号能力的一个综合指标。其中，A_{ud}是差模放大倍数，A_{uc}是共模放大倍数。显然，K_{CMR}越大，电路对共模信号的抑制能力越强。理想情况下，$A_{uc}=0$，$K_{CMR}\to\infty$。

三、集成运放主要参数

集成运放的性能参数不仅反映集成运放的技术性能，也是合理选择和使用集成运放的主要依据，集成运放的主要参数如下。

开环差模增益A_{od}：集成运放无外加反馈回路的差模增益。它是反映集成运放放大能力的一个重要参数，一般在$10^3\sim10^7$之间。A_{od}越大，电路越稳定，运算精度也越高。

开环共模增益A_{oc}：集成运放无外加反馈回路的共模增益。它反映集成运放抗温漂、抗共模干扰的能力，优质的集成运放A_{oc}应接近于零。

差模输入电阻R_{id}：集成运放的两个输入端之间对差模信号所呈现的电阻。R_{id}越大，集成运放对信号源的影响就越小。目前，R_{id}一般为几十千欧至几兆欧。

输出电阻R_o：集成运放开环时，输出端的对地电阻。R_o越小，运放带负载能力越强。一般R_o为几十欧至几百欧。

输入失调电压V_{IO}：理想的集成运放，当输入电压为零时，输出电压也为零。但实际上它的差分输入级很难做到完全对称，通常在输入电压为零时，存在一定的输出电压。为了使输入电压为零时输出电压也为零，必须在输入端加一个很小的补偿电压，以抵消内部电路不对称，这个补偿电压称为输入失调电压V_{IO}。V_{IO}越小，输入级的对称性越好，一般V_{IO}为几毫伏。

共模抑制比K_{CMR}：用来综合衡量集成运放的放大能力和抗温漂、抗共模干扰的能力，一般应大于80 dB。

四、集成运放的理想特性

在分析运放的各种实用电路时，为了简化问题的分析，通常将运放看作理想运放。

1. 理想运放条件

(1)开环差模放大倍数趋于无穷大，$A_{od}\to\infty$。

(2)两输入端之间的输入电阻趋于无穷大，$R_{id}\to\infty$。

(3)输出电阻为零，$R_o\to0$。

(4)共模抑制比趋于无穷大，$K_{CMR}\to\infty$。

(5)零点漂移为零。

2. 理想运放特点

理想运放工作区域有两个,即线性工作区和非线性工作区。工作在线性放大状态的理想运放具有两个重要特点。

(1)虚短:两输入端电位相等,即 $u_{i+}=u_{i-}$。相当于同向输入端和反向输入端短路,但又不是真正的短路,如图 3-13(b)所示,故称为“虚短”。

(2)虚断:净输入端电流等于零,运放电压和电流示意图如图 3-13(a)所示,即 $i_{i+}=i_{i-}=0$。相当于同向输入端和反向输入端断开,但又不是真正的断开,如图 3-13(b)所示,故称为“虚断”。

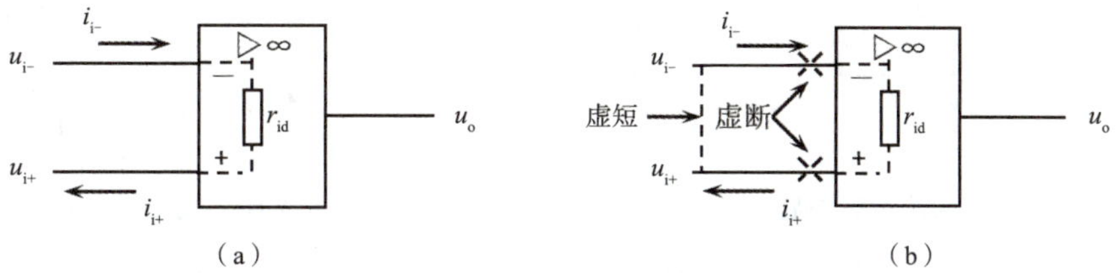

图 3-13 集成运放符号

五、集成运放的基本运用

集成运放是通用性很强的有源器件,可以用于信号的运算、处理、变换和测量,还可以用来产生正弦和非正弦信号,在模拟电路和数字电路中均有所应用。理想集成运算放大器在线性工作条件下,根据两个输入端的不同连接,运放有反相、同相和差分输入三种输入方式。

集成运放的基本运用

1. 反相输入放大器

反相输入放大器如图 3-14 所示,利用理想运放“虚断”($i_i=0$)的概念,则 $u_{i+}=0$,又由于“虚短”($u_{i+}=u_{i-}$)的概念,所以 $u_{i+}=u_{i-}=0$, $i_1=i_f$, $i_1=\frac{u_i}{R_1}$, $i_f=-\frac{u_o}{R_f}$。则,输出电压为

$$u_o=-\frac{R_f}{R_1}u_i$$

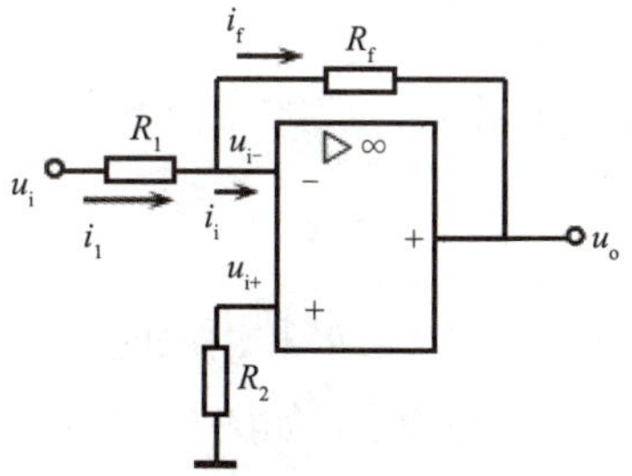

图 3-14 反相输入放大器

反相输入放大器的电压放大倍数为

$$A_u=\frac{u_o}{u_i}=-\frac{R_f}{R_1}$$

式中负号表示输出电压 u_o 和输入电压 u_i 反相。

加法运算电路如图 3-15 所示。当 u_{i1} 单独作用时,电路为反相输入放大器, $u_{o1}=-\frac{R_f}{R_1}u_{i1}$。同样,当 u_{i2} 单独作用时, $u_{o2}=-\frac{R_f}{R_2}u_{i2}$。则 u_{i1}、u_{i2} 共同作用下电路输出电压为

$$u_o = u_{o1} + u_{o2} = -\frac{R_f}{R_1}u_{i1} - \frac{R_f}{R_2}u_{i2}$$

当 $R_1 = R_2 = R_f$ 时，$u_o = -(u_{i1} + u_{i2})$，实现加法运算，负号表示输出电压与输入电压相位相反。

2. 同相输入放大器

同相输入放大器如图 3-16 所示。

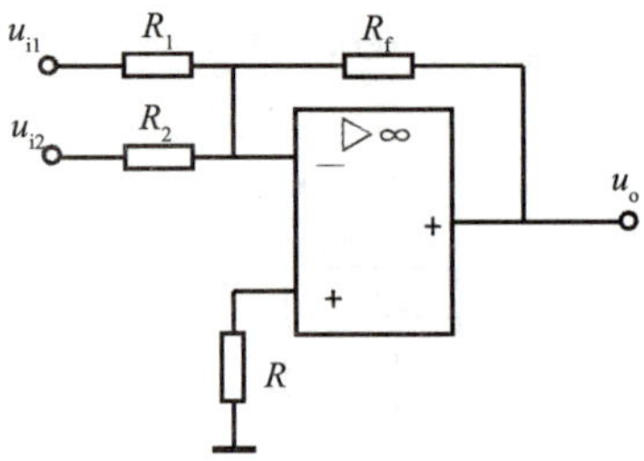

图 3-15　加法运算电路

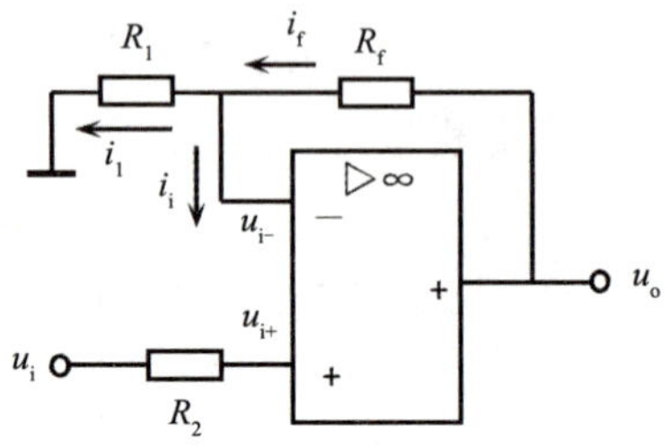

图 3-16　同相输入放大器

利用理想运放“虚断”（$i_i = 0$）的概念，$u_{i+} = u_i$，又利用“虚短”（$u_{i-} = u_{i+}$）的概念，那么，$u_{i-} = u_{i+} = u_i$

由于 $i_i = 0$，则 $i_1 = i_f$，即

$$\frac{u_{i-} - 0}{R_1} = \frac{u_o - u_{i-}}{R_f}$$

$$u_o = \left(1 + \frac{R_f}{R_1}\right)u_{i-} = \left(1 + \frac{R_f}{R_1}\right)u_{i+}$$

输出电压为

$$u_o = \left(1 + \frac{R_f}{R_1}\right)u_i$$

同相输入放大器的电压放大倍数为

$$A_u = \frac{u_o}{u_i} = \left(1 + \frac{R_f}{R_1}\right)$$

表明输出电压 u_o 和输入电压 u_i 同相，且 u_o 大于 u_i，即电压放大倍数 $A_u > 1$。

电压跟随器如图 3-17 所示。由于 $R_1 \to \infty$，$A_u = 1$，$u_o = u_i$，因此该电路称为电压跟随器。因为电路具有高的输入阻抗和低的输出阻抗，电压跟随器在电子电路中应用极为广泛，常作为阻抗变换器或缓冲器。

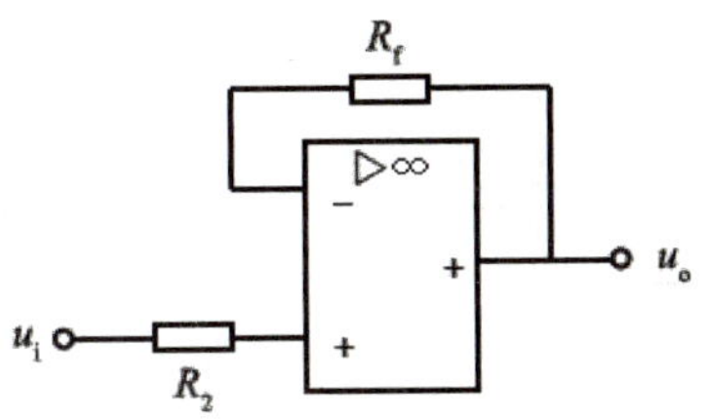

图 3-17　电压跟随器

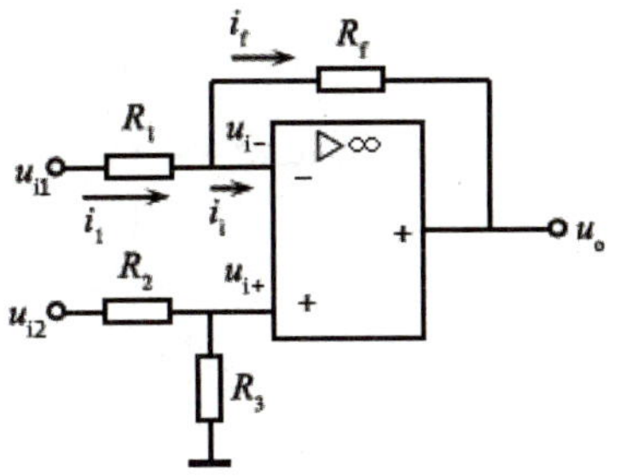

图 3-18　差分输入放大电路

3. 差分输入放大电路

差分输入放大电路如图 3-18 所示。

当 u_{i1} 单独作用时，$u_{i2}=0$，电路为反相输入方式，输出电压为

$$u_{o1}=-\frac{R_f}{R_1}u_{i1}$$

当 u_{i2} 单独作用时，$u_{i1}=0$，电路为同相输入方式，根据理想运放虚断的概念，$i_i=0$，则

$$u_{o2}=\left(1+\frac{R_f}{R_1}\right)\frac{R_3}{R_2+R_3}u_{i2}$$

那么，u_{i1} 和 u_{i2} 共同作用时，输出电压则为

$$u_o=-\frac{R_f}{R_1}u_{i1}+\left(1+\frac{R_f}{R_1}\right)\frac{R_3}{R_2+R_3}u_{i2}$$

如果在电路应用中，选择 $R_1=R_2$，$R_3=R_f$，则

$$R_3=u_o=\frac{R_f}{R_1}(u_{i2}-u_{i1})$$

差分输入放大器可以实现减法运算。当图 3-18 中 $R_1=R_2=R_3=R_f$ 时，输出电压为 $u_o=u_{i2}-u_{i1}$。

减法器如图 3-19 所示。电路由第一级的反相器和第二级的反相加法运算电路级联而成。

$$u_{o1}=u_{i2}$$

$$u_o=-\left(\frac{R_f}{R_1}u_{i1}+\frac{R_f}{R_2}u_{o1}\right)=\frac{R_f}{R_2}u_{i2}-\frac{R_f}{R_1}u_{i1}$$

当 $R_1=R_2=R_f$ 时，输出电压为 $u_o=u_{i2}-u_{i1}$，实现了减法运算。

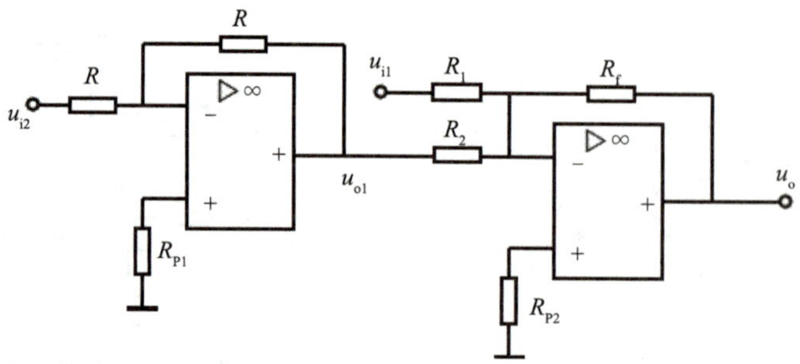

图 3-19　减法器

4. 积分运算电路

将反向输入电路的负反馈电阻替换成电容 C,就可以实现积分运算。积分运算电路主要用于电子开关中的延迟、波形变换,在模数转化中将电压量变为时间量,移相和去除高频干扰等场合。

5. 微分运算电路

将反相输入电路的输入电阻替换成电容 C,就可以实现微分运算。微分电路是一种对脉冲信号进行变化的电路,它能将矩形脉冲信号转变成正、负双向尖脉冲,突出信号中的突变量,主要用于脉冲电路、模拟计算机和测量仪器中,以获取蕴含在脉冲前沿和后沿中的信息,如提取时基标准信号等。

六、集成运放的使用常识

1. 集成运放的调零

集成运放调零的作用是保证运放实现零输入时零输出。当选用的运放有调零端,应查阅集成电路手册,按接线图正确接调零电位器进行调零。

2. 集成运放的保护

集成运放在使用过程中容易出现电压接反、电压过高、输入电压过大以及输出端过载等情况,从而导致集成运放的损坏。因此,在使用过程中需加各种保护电路:输入保护、输出保护和电源端反接保护。

知识点 3:功率放大器

一、功率放大器简介

功率放大器

电子设备的放大器一般由输入级、中间级和输出级所组成。输出级的输入信号一般都是经过输入级和中间级放大后的信号,要使输出级推动负载工作,还需要放大电流,即具有足够大的功率。能输出大功率的放大电路称为功率放大电路,简称为功放。

1. 功率放大器的性能要求

(1)尽可能大的输出功率。向负载提供不失真的放大信号功率,需要有较高的功率增益,即有较高的输出电压和较大的输出电流。

（2）尽可能高的效率。在输出功率比较大的场合，效率的问题显得尤为突出。如果功率放大电路的效率低，不仅造成能量的浪费，而且电路内部消耗的能量将产生过多的热量，使晶体管、元件等温度升高进而影响电路的正常工作。在电源提供的直流功率一定的情况下，若要向负载提供尽可能大的交流功率，必须减小损耗，以提高转换效率。

（3）较小的非线性失真。在功率放大电路中，晶体管处于大信号工作状态，因此输出波形不可避免地会产生一定的非线性失真。在实际的功率放大电路中，应根据负载的要求来规定允许的失真度范围。

（4）较好的散热装置。功率放大电路中的晶体管常工作在极限状态，有相当大的功率损耗在晶体管的集电结上，使管温和管壳温度升高。为了充分利用晶体管的管耗而使晶体管输出足够大的功率，一般要对功放管添加散热片。

2. 功率放大器的分类

根据功放管静态工作点的不同，常用功率放大器可分为甲类、乙类和甲乙类三种，如图 3-20 所示。

（1）甲类功率放大电路。功放管工作在甲类状态，即在输入正弦波信号的一个周期内，功放管都处于放大区内，因而输出的是没有失真的完整信号，如图 3-20（a）所示。该电路静态电流大、损耗大、效率低（通常约为 30%，最高只能达到 50%）。

（2）乙类功率放大电路。功放管工作在乙类状态，即在输入正弦波信号的一个周期内，功放管半个周期工作在放大区，半个周期工作在截止区，放大电路只有半个周期信号输出，如图 3-20（b）所示。乙类功率放大电路的静态电流为零，故损耗小、效率高，但非线性失真严重。如果采用两个不同类型的三极管组合起来交替工作，则可以放大输出完整的全波信号。

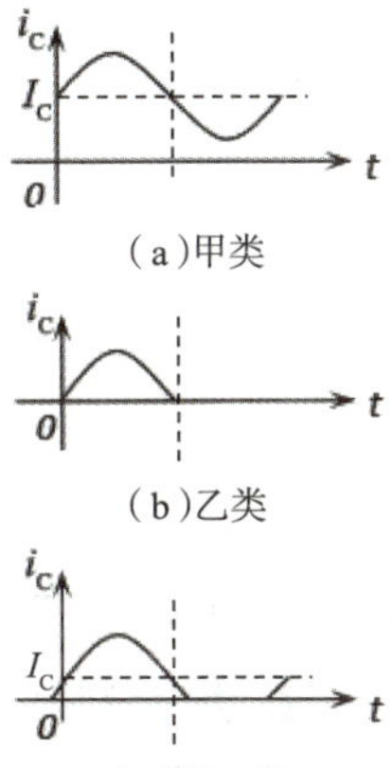

图 3-20 功放工作状态分类

（3）甲乙类功率放大电路。功放管工作在甲乙类状态，即在输入正弦波信号的一个周期内，功放管大部分时间工作于放大区，少部分时间工作于截止区，输出信号存在明显的失真，如图 3-20（c）所示。甲乙类功率放大电路的静态电流较小，效率也比较高。

按功放输出端与负载之间的耦合方式不同，又可分为阻容耦合、变压器耦合和直接耦合三种电路形式。

（1）阻容耦合功率放大电路。功率放大电路输出端通过耦合电容连接负载。这种耦合方式多用于甲类且向负载提供的功率不是很大的功率放大电路。

（2）变压器耦合功率放大电路。功率放大电路的输出端通过变压器连接负载。变压器具有阻抗变换作用，故这种耦合方式可使负载获得最大功率。但由于变压器体积大、笨重、频率特性差，且不便于集成化，所以这种耦合方式的功率放大电路已逐渐被淘汰。

（3）直接耦合功率放大电路。功率放大电路输出端无需通过任何元件而直接与负载相连。直接耦合功率放大电路是目前电子产品中应用较广泛的电路形式。

二、双电源互补对称功率放大器

双电源互补对称功率放大器，又称无输出电容功率放大器(Output Capacitorless, OCL)电路。OCL 基本电路结构如图 3-21 所示。图中 VT1、VT2 是一对特性对称的 PNP 型管和 NPN 型管，电路工作在乙类状态，两个三极管的基极相连后作为输入端，射极连在一起作为信号的输出端，集电极则是输入、输出的公共端，所以，两只三极管均连接为射极输出器形式，输出端与负载采用直接耦合的方式连接。

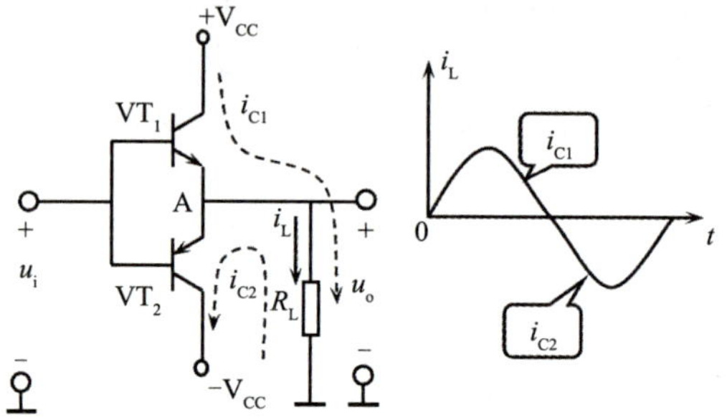

图 3-21 OCL 功率放大电路

1. 静态分析

u_i =0 时，由于电路结构对称(两功放管特性形同，供电电源对称)，$I_B=0$，所以输出端的 A 点电位 $U_A=0$，VT1、VT2 均截止，$I_L=0$，电路中无功率损耗。

2. 动态分析

设输入信号 u_i 为正弦信号。

在 u_i 正半周内，VT1 正偏导通，VT2 反偏截止，VT1 的集电极电流 i_{C1} 由 $+V_{CC}$→VT1，自上而下流过负载电阻 R_L→接地端。

在 u_i 负半周内，VT2 导通，VT1 截止，VT2 的集电极电流 i_{C2} 由接地端自下而上流过负载电阻 R_L→VT2→$-V_{CC}$。

由于 VT1 和 VT2 管型相反，特性对称，在 u_i 整个周期，VT1、VT2 交替工作，互相补充，向负载 R_L 提供了完整的输出信号。故该电路称为互补对称功率放大器。

3. 交越失真

在 OCL 基本电路中，当输入电压小于三极管的开启电压时，VT1、VT2 均截止，输出电压 u_o 为零，从而出现如图 3-22 所示的交越失真现象。一旦音频功率放大器出现交越失真，声音质量会明显下降。

4. 加偏置的 OCL 电路

通常加偏置的 OCL 电路如图 3-23 所示。在两个功放管的基极之间串联二极管和电阻，为三极管 VT1、VT2 的发射结提供正向偏置电压，从而减小交越失真。

由于 OCL 电路静态时 VT2、VT3 两个三极管的发射极是零电位，所以负载可直接接到发射极而不必采用输出耦合电容，故称为无输出电容的互补功放电路。该电路采用直接耦合，具有低频响应好，输出功率大，电路便于集成等优点，广泛应用于一些高级音响设备中。但 OCL 电路需要两个独立的电源，使用起来不方便。

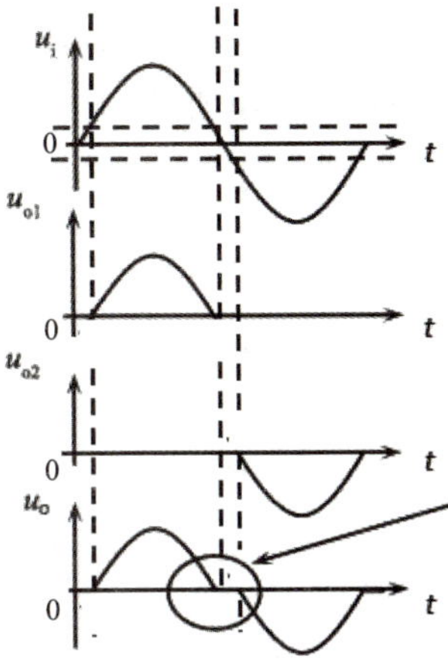

图 3-22　越失真

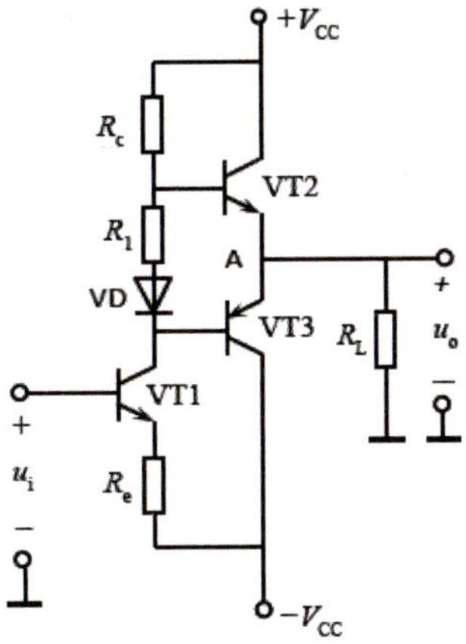

图 3-23　加偏置的 OCL 电路

三、单电源互补对称功率放大器

单电源互补对称功率放大器，又称无输出变压器功率放大器（Output Transformer Less，OTL）。如图 3-24 所示为 OTL 电路。与 OCL 电路不同的是，电路由双电源改为单电源供电，输出端经大电容 C_L 与负载 R_L 耦合。

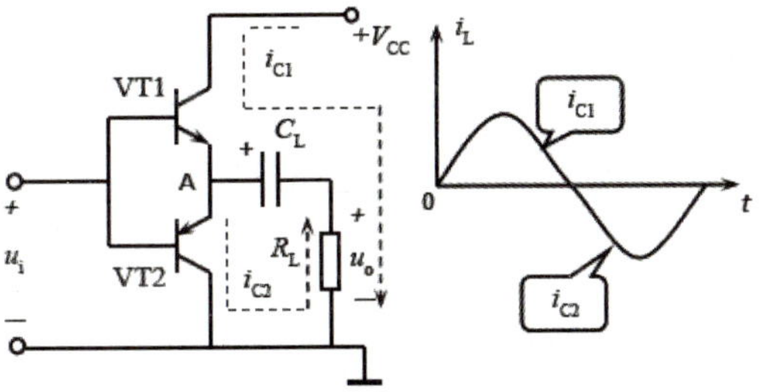

图 3-24　OTL 功率放大电路

1. 静态分析

u_i=0 时，I_B=0，由于两个三极管特性对称，$U_A=\frac{1}{2}V_{CC}$，则 C_L 上有左正右负的静态电压 $U_{CL}=\frac{1}{2}V_{CC}$，相当于一个电压为 $\frac{1}{2}V_{CC}$ 的直流电源。此外，在输出端耦合电容 C_L 的隔直作用下，IR_L=0。

2. 动态分析

在 u_i 正、负周期，电路与 OCL 电路相似，VT1、VT2 交替工作，互相补充，通过 C_L 的耦合，向负载 R_L 提供完整的输出信号。

3. 加偏置的 OTL 电路

如图 3-25 所示是加偏置后的 OTL 电路。A 点的 $\frac{1}{2}V_{CC}$ 电压经过 R_1、R_2 分压，为三极管 VT1 提供基极电压，VT2、VT3 是 OTL 电路的一对互补三极管，为了克服交越失真，在两个互补三极管的基极之间串联二极管 VD1、VD2，以提供输出三极管发射结所需的正向偏压。

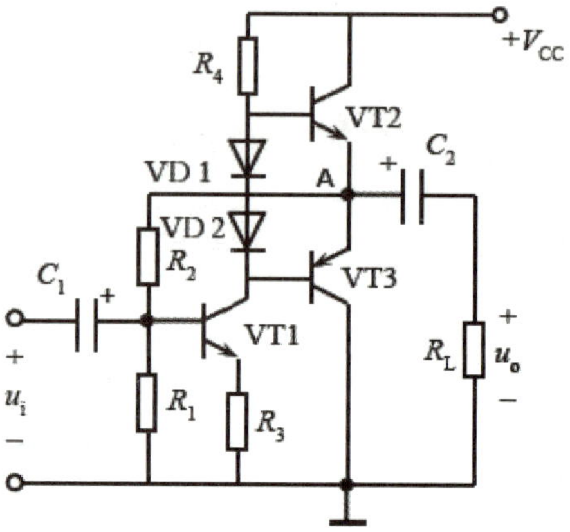

图 3-25　加偏置的 OTL 电路

OTL 电路采用单电源供电，输出通过大容量的耦合电容与负载连接，称为无输出变压器的互补功放电路。与 OCL 电路相比，该电路少用一个电源，故结构简单、使用方便。但 OTL 电路输出采用大电容耦合，所以其频率响应较差，不利于电路的集成化。

集成功率放大器

四、集成功率放大器

集成功率放大器使用应注意输出引脚外接电路的特征，如图 3-26 所示是单声道集成功放输出引脚外电路特征示意图。

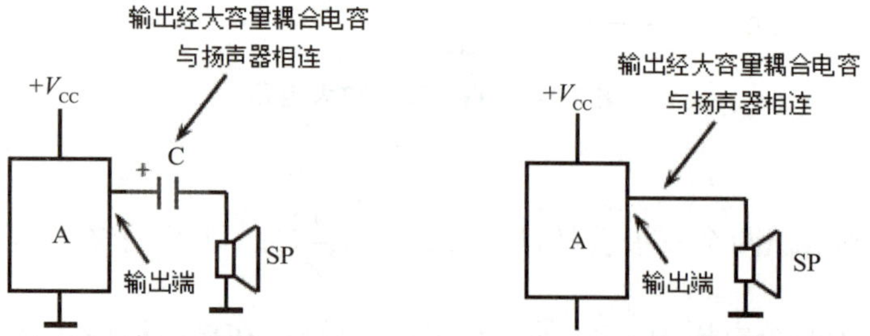

(a)OTL 输出引脚外电路特征　(b)OCL 输出引脚外电路特征

图 3-26　单声道集成功放输出引脚外电路特征示意图

对于双声道功率放大器，左、右声道电路完全对称，即两个输出端、外电路结构、元器件参数完全一致。

1. LM386 集成功放

LM386 是一种目前应用较多的小功率音频放大器，其内部电路为 OTL 电路。

LM386 电路功耗低、增益可调、允许的电源电压范围宽、通频带宽、外接元件少，广泛应用于收录机、电视伴音等系统中，是专为低损耗电源所设计的功率放大器集成电路。LM386 的引脚功能如图 3-27 所示，图 3-28 所示为 LM386 的典型应用电路。图中 10 kΩ 的电位器用来调整扬声器音量大小，若直接输入 u_i，即为音量最大的状态。引脚 1 和引脚 8 直接的 10 μF 电容用以改变交流反馈，使电压放大倍数可达 200 倍。引脚 7 外接旁路电容，与 LM386 芯片内部电路组成电源去耦电路，以提高纹波抑制能力。为了抵消扬声器音圈电感的部分感抗，电路在输出端外接了由 C_2、R_1 组成的串联补偿网络，与扬声器并联，以防止高频自激和过压现象，改善放大器音质。由于 LM386 芯片内部为 OTL 电路，因此在其输出端外接了一个 220 μF 大容量的耦合电容 C_3。

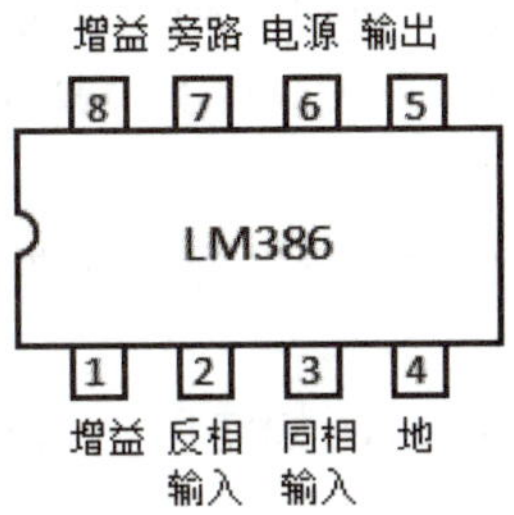

图 3-27　LM386 引脚图

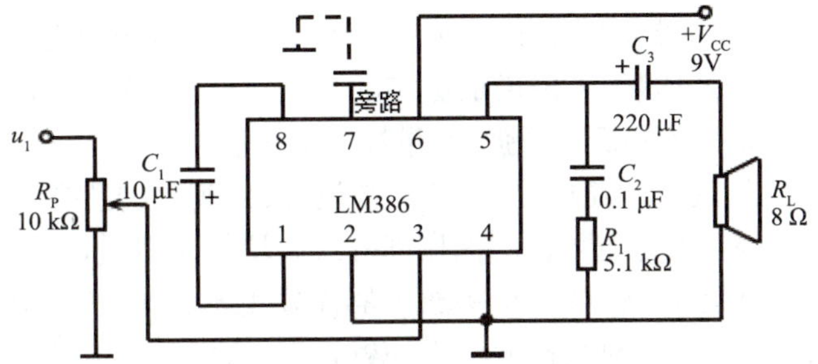

图 3-28　LM386 的典型应用电路

2. TDA2822M 集成功放

通过实物认识 TDA2822M 外形与引脚排列，如图 3-29 所示.

(a)TDA2822M 实物图

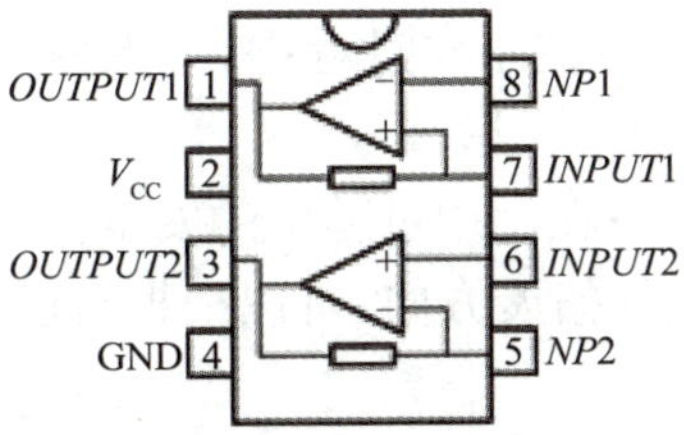

(b)TDA2822M 引脚排列

图 3-29　TDA2822M 实物和引脚排列

TDA2822M 是意法半导体(ST)早期专门为便携式录放音设备开发的双通道单片功率放大集成电路，具有低交越失真和低静态电流的特点，适用于立体声和桥式放大(BTL)方式。TDA2822M 还有一个独特之处就是工作电压范围很宽，在 2~12 V 范围内都可以正常工作，不过除非是用于耳机放大器，最好还是让 TDA2822M 工作于 3 V 以上电压。

功率放大器是指供给最终负载较大信号功率的电路，以推动执行机构工作。如：让扬声器发出优质的声音，使显像管的偏转线圈扫描，令继电器动作等。以下为 TDA2822M 主要参数。

电源电压：2~12 V；

输出功率：2 W（1 kHz，8 Ω，9 V，10%总失真）；

静态电流：≤9 mA（V_{CC}=3 V）；

谐波失真：0.2%（1 kHz，8~32 Ω）；

闭环增益：39 dB（典型值）；

负载范围：≥4 Ω。

由于TDA2822M具有电路简单、集成度高、外围元件少、音质好、价格低廉等优点，广泛应用于小屏幕彩电伴音、收音机、录音机、随身听、多媒体有源音箱、小型床头听音系统等小功率音频功放电路中。在一些对音质要求不是特别高，但对成本和体积有要求的音频设备中，TDA2822M是一个理想的选择。

任务拓展

为了进一步巩固学生对放大电路的理解和应用能力，教师可以安排以下拓展任务。

（1）功能增强：考虑增加更多的功能，如蓝牙连接、音频输入选择（如USB、SD卡等）、音频效果调整（如低音增强、音量控制等）等。

（2）外观设计：改善或创新外观设计，使其更加便携、美观或符合人体工学。例如，使用更轻的材料，设计更舒适的握持部分或者增加防滑设计等。

（3）电池优化：如果功率放大器需要电池供电，考虑优化电池设计，如使用更高容量的电池，或者设计一种更高效的电池管理系统，以延长电池寿命。

（4）耐用性：考虑到手持功率放大器可能会在不同的环境下使用，增加其耐用性和防水防尘等特性将是一个有益的拓展。

（5）智能控制：引入更多的智能控制功能，如噪声抑制、自动音量调整、自动关机等，以提高用户体验。

（6）环保和可持续性：在制作过程中，考虑使用更环保和可持续的材料，如可回收的塑料或金属，以减少对环境的影响。

（7）安全性：确保设备在使用过程中的安全性，如过热保护、过流保护等。

以上只是一些可能的拓展方向，可以根据自己的兴趣和技术能力选择适合的任务进行拓展。

拓展阅读

集成电路中的智慧与精神

在电子技术的领域中，集成电路的出现无疑是一场革命。当我们学习集成电路的知识时，不妨从历史人物和科学家的故事中汲取力量。

英国科学家法拉第，出身贫寒却凭借着对科学的执着追求，在电磁学领域做出了卓越贡献。他的经历告诉我们，起点并不决定终点，只要有坚定的信念和刻苦钻研的精神，就能在自己的领域取得成就。就如同集成电路的发展，从最初的简单设计到如今的高度集成、性能强大，离不开无数科学家和工程师们的努力。

我国科学家钱学森，放弃国外优厚的待遇，毅然回国投身于国防科技事业。他的爱国情怀和奉献精神令人敬仰。在学习集成电路的过程中,我们也应树立为国家科技发展贡献力量的志向。集成电路技术在现代科技中至关重要,我们要以钱学森等科学家为榜样,努力学习专业知识,提高自己的技术水平。

同学们,当我们深入了解集成电路的奇妙世界时,也要从这些伟大的人物身上感悟他们的品质和精神。让我们带着坚定的信念、爱国的情怀和创新的思维,在电子技术的道路上不断前行,为实现中华民族伟大复兴的中国梦添砖加瓦。

习题检测

一、填空题

1. 集成运放电路一般由输入级、__________、__________和__________4 部分组成。

2. 差分放大器的差模输入是指输入信号大小________、极性______的输入方式。差分放大器的共模输入是指输入信号大小______、极性______的输入方式。

3. 负反馈对放大电路性能的影响主要体现在:使放大电路的放大倍数____,使放大电路工作的稳定性增强,使输出信号波形的非线性失真______,使放大电路的通频带展宽,_____放大电路的输入、输出电阻。

4. 电压负反馈能稳定放大电路的_______,使放大电路的输出电阻__________;电流负反馈能稳定放大电路的_______,使放大电路的输出电阻_____。

5. 集成运放中,与输出端电压极性__________的输入端称为反相输入端,与输出端电压极性__________的输入端称为同相输入端。

二、选择题

1. 集成运放电路采用直接耦合方式是因为(　　)。

A. 可获得很大的放大倍数　　B. 静态工作点相互独立

C. 大容量电容很难集成化　　D. 可使温漂减小

2. 集成运放的输入级采用差分放大电路时因为可以(　　)。

A. 减小温漂　　B. 增大放大倍数

C. 提高输入阻抗　　D. 减少输入电阻

3. 对于放大电路,所谓开环是指(　　)。

A. 无信号源　　B. 无反馈通路　　C. 无电源　　D. 无负载

4. 甲乙类 OTL 电路中,功放管静态工作点设置在(　　),以克服交越失真。

A. 微导通区　　B. 放大区　　C. 截止区　　D. 饱和区

5. 在互补对称 OTL 电路中,引起交越失真的原因是(　　)。

A. 输入信号太大　　B. 推挽管的基极偏压不合适

C. 电源电压太高　　D. 三极管的 β 值过大

6. 由集成运算放大器组成的电压跟随器,输入电压 U_i,则输出电压 U_o 为(　　)。

A. $-U_i$　　B. U_i　　C. $-2U_i$　　D. $2U_i$

7. 如果要求输出电压 u_o 基本稳定,并能提高输入电阻,在交流放大电路中应引入的负反馈是(　　)。

A. 电压并联负反馈　　B. 电流并联负反馈

C. 电压串联负反馈　　D. 电流串联负反馈

8. 当环境温度变化时,对差分放大电路来说,相当于输入(　　)。

A. 共模信号　　B. 差模信号　　C. 交流信号　　D. 直流信号

9. 功率放大器通常位于多级放大器的(　　)位置。

A. 前级　　B. 中间级　　C. 末级　　D. 不确定

10. 如果 OCL 电路工作于乙类状态,则理想的效率为(　　)。

A. 87.5%　　B. 78.5%　　C. 50%　　D. 68.5%

三、判断题

1. 集成运放的共模抑制比为 $K_{CMR}=A_{ud}/A_{uc}$。(　　)

2. 若放大电路的放大倍数为负,则引入的反馈一定是负反馈。(　　)

3. 只要在放大电路中引入反馈,就一定使其性能得到改善。(　　)

4. 在运算电路中,集成运放的反相输入端均为虚地。(　　)

5. OCL 电路是单电源供电的互补对称功率放大电路。(　　)

6. 集成运算放大器的内部电路一般采用直接耦合方式,因此,它只能放大直流信号,而不能放大交流信号。(　　)

7. 使放大电路的净输入信号增加的反馈称为负反馈。(　　)

8. 集成运放产生零点漂移的原因之一是三极管的性能参数受温度的影响。(　　)

9. 理想集成运放的输入阻抗为无穷大,输出阻抗为零。(　　)

10. 直流负反馈能稳定放大电路的静态工作点。(　　)

四、综合题

计算如图 3-30 所示各电路的输出电压 u_o。

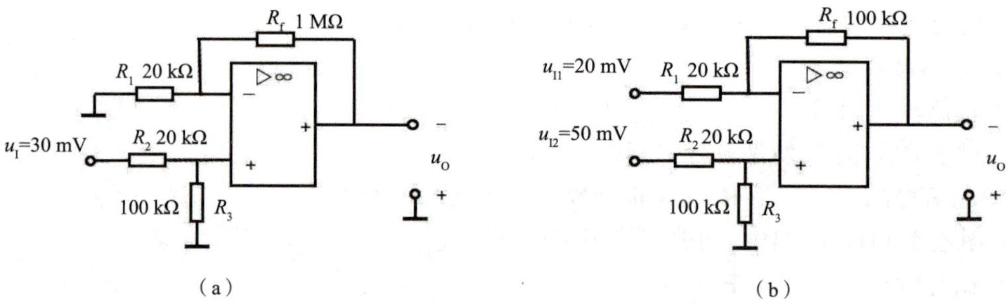

图 3-30　题四图

学习情境 4
报警器的制作与调试

在我们的日常生活中，报警器无处不在，如图 4-1 所示。图 4-2 是报警器电路板图。它们通过各种声音信号，提醒人们注意突发事件或者紧急情况。无论是 120 急救车发出的急促双音交替警报，或警车的警报声，还是防盗系统的断线警报，它们都在关键时刻发挥着至关重要的作用。尽管这些警报器在功能和应用领域上有所不同，但它们的基本工作原理却大多源自同一根源——振荡电路。本项目的主要目标就是理解振荡电路的工作原理，并在此基础上，制作一个简单实用的报警器。

图 4-1　报警器实物图

图 4-2　报警器电路板图

学习目标

【知识目标】

1. 了解振荡器工作原理和特点；
2. 掌握正弦波振荡电路结构组成；
3. 了解正弦波振荡电路的分类情况；
4. 了解断线报警电路的结构原理。

【能力目标】

1. 能识读 RC、LC 和石英晶体振荡器的电路图；
2. 会判断断线报警电路是否振荡并进行故障排除；

3. 能使用 Multism 或高版本电路软件绘制模拟电路图；
4. 能正确连接电子元器件、仪器仪表，进行电路参数测试和仿真试验。

【素养目标】

1. 通过项目的分组实施培养学生的团队合作精神；
2. 通过项目负责人的方式培养学生的组织协调管理的意识；
3. 通过课外收集资料拟定方案等活动培养学生自主探究的学习习惯。

知识导图

报警器电路知识导图如图 4-3 所示。

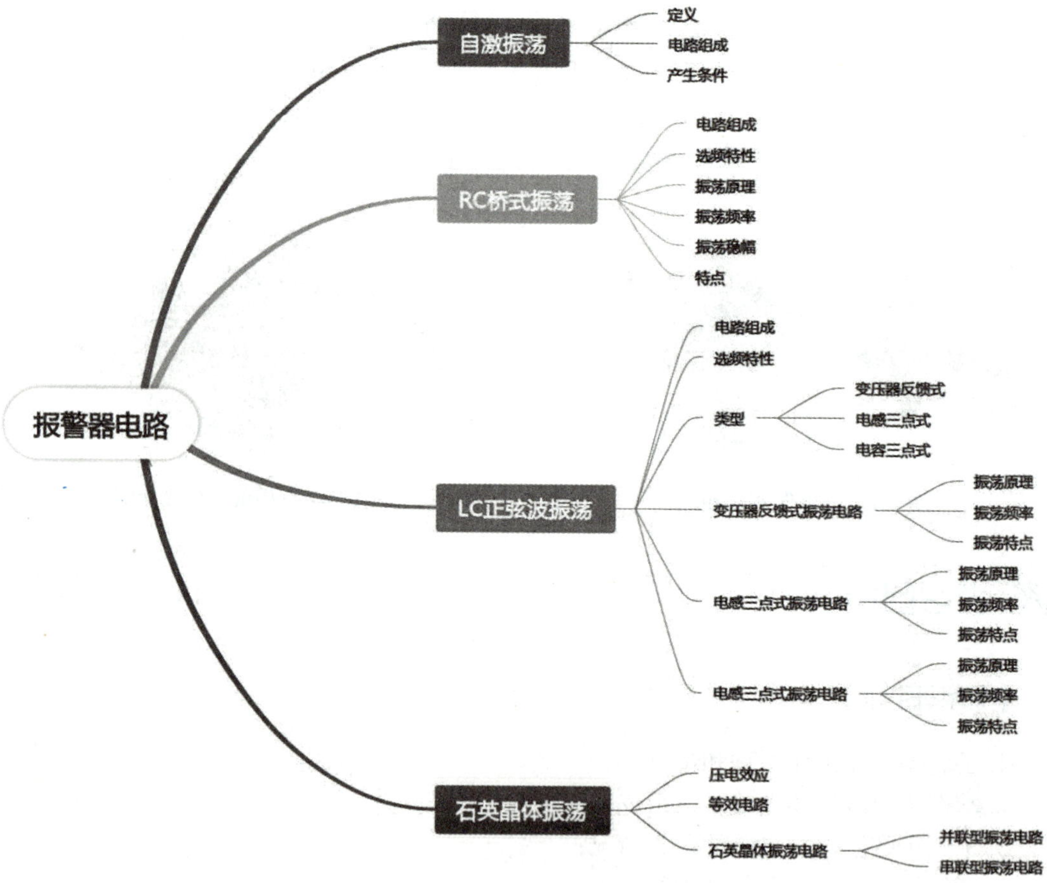

图 4-3　知识导图

任务书

任务书

专业班组		班长		日期	
学习任务：我校职教周开展了“专业技能展示 DIY”活动，电子班同学打算做几种报警器在职教周上展示，如防盗用的断线报警器，四根线分别安装在需要保护的物件的周围，一旦被碰断，立即发出报警声，也可以选择用烟雾传感器制作烟雾报警器等					
检查意见：					
签章：					

任务分组

学生任务分配表

组长	职　责			
组员	姓名	任务	姓名	任务

获取信息

引导问题 1：正弦波振荡电路由________、________、________和________等部分组成。

引导问题 2：正弦波振荡电路按反馈网络性质分类可分为两大类：分别是__________和__________振荡电路。

引导问题 3：*LC* 正弦波振荡电路是一种________电路。常用的 *LC* 正弦波振荡电路有________、________和________三种。

引导问题 4：自激振荡产生的条件是：相位平衡条件______________________，振幅平衡条件＿＿＿＿＿＿＿＿＿＿＿＿＿＿。

引导问题 5：*LC* 振荡电路（含石英晶体振荡电路）是由＿＿＿＿＿、＿＿＿＿＿和＿＿＿＿组成的振荡电路。

引导问题 6：将电阻 R_1 与电容 C_1＿＿＿＿，电阻 R_2 与电容 C_2＿＿＿＿所组成的网络称为 *RC* 串并联选频网络。

引导问题 7：电感三点式振荡电路＿＿＿＿，＿＿＿＿，改变绕组抽头的位置，可调节振荡电路的＿＿＿＿。

引导问题 8：电容三点式振荡电路的＿＿＿＿，＿＿＿＿，振荡频率较高，可达＿＿＿＿以上。

引导问题 9：电容三点式振荡电路的选频网络由＿＿＿＿、＿＿＿＿、＿＿＿＿组成，选频网络中的"1"端通过输出耦合电容 C_c 接集电极，"2"端通过旁路电容 C_e 接发射极，"3"端通过耦合电容 C_b 接基极。

引导问题 10：石英晶体的压电效应是指＿＿＿＿＿＿＿＿＿＿＿＿＿＿＿＿＿＿＿＿＿＿＿＿。

工作计划

1. 制定工作方案。

（　　　　　）工作方案

步骤	工作内容	负责人
1		
2		
3		
4		
5		
6		
7		
8		
9		

2. 阐述此报警器电路的工作原理。

＿＿
＿＿
＿＿
＿＿
＿＿
＿＿

3. 画出本组设计报警器的电路原理图。

进行决策

1. 各组派代表阐述设计方案。

2. 各组对其他组的设计方案提出自己不同的看法并记录。

3. 教师结合大家完成的情况进行点评，选出最佳方案。

工作实施

（1）先对断线报警器电路原理图（扫二维码观看仿真过程）进行仿真操作；完成后进行截屏、录屏后上交作品；断线报警器电路原理图如图 4-4 所示。

报警器电路设计仿真　　报警器电路装配　　报警器电路调试与测量

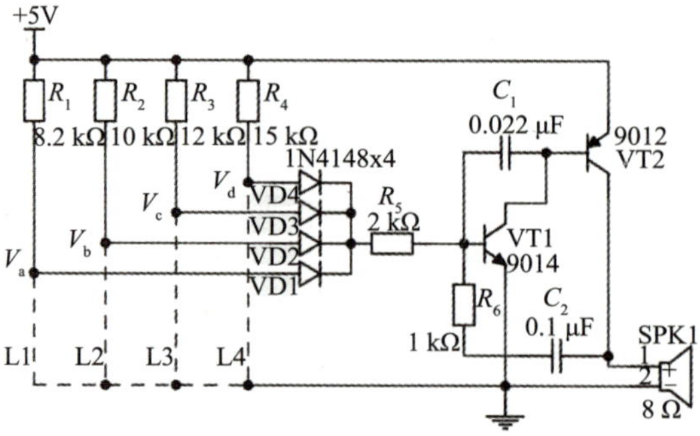

图 4-4　断线报警器电路原理图

（2）按照本组制定的计划（最佳方案）实施报警器电路安装。

①领取元器件及材料。

元器件及材料列表

序号	名称	型号与规格	单位	数量	备注

②检查元器件。元器件的选型及检测；需先对元器件进行选配，保证元器件的完好性。每组对选配元器件进行一一检查核对。

引导问题 1：电阻 R_1 选择测量挡位是______，测得阻值为______，判定质量是______。

电阻 R_4 选择测量挡位是______，测得阻值为______，判定质量是______。

引导问题 2：根据二极管的标记判定二极管 1N4148 是______二极管，在电路中的作用主要是______________________________。

引导问题 3：三极管 9014 是 NPN 型还是 PNP 型________。

③按最佳方案安装元器件。

④根据最佳方案布线，画出布置图和接线图。

⑤安装与调试报警器电路。元器件安装顺序遵循先小后大、先低后高、先里后外的原则。注意元器件的正负极，比如二极管的正负极性，电解电容的正负极性，三端稳压芯片的方向等。任何组装好的电子电路，在通电调试之前，必须认真检查电路连线是否有错误。对照电路图，按一定的顺序逐级对应检查。特别要注意检查电源是否接错，电源与地是否有短路，二极管方向和电解电容的极性是否接反，晶体管的引脚是否接错，轻轻拔一拔元器件，观察焊点是否牢固，焊接不牢固也会导致报警器的声音频率分辨不清，在调试的过程中要耐心、细致、反复检查。

评价反馈

各组代表展示作品，介绍任务的完成过程。作品展示前准备阐述资料，填写阐述项目表，并完成下列评价表。

学生自评表

任务	完成情况记录
任务是否按计划时间完成	
相关理论完成情况	
技能训练情况	
任务完成情况	
任务创新情况	
材料上交情况	
收获	

学生互评表

序号	评价项目	小组互评	教师评价	总评
1	任务是否按时完成			
2	材料完成上交情况			
3	作品质量			

续表

序号	评价项目	小组互评	教师评价	总评
4	语言表达能力			
5	小组成员合作面貌			
6	创新点			

教师评价表

序号	评价项目	自我评价	互相评价	教师评价	综合评价
1	学习准备				
2	引导问题填写				
3	规范操作				
4	完成质量				
5	关键操作要领掌握				
6	完成速度				
7	5S 管理、环保节能				
8	参与讨论主动性				
9	沟通协作				
10	展示汇报				

注：评价等级统一采用 A(优秀)、B(良好)、C(合格)、D(努力)四级。

学习情境的相关知识点

自激振荡

知识点 1：自激振荡

在报告会或演唱会上，使用扩音机时常常会听到扬声器发出尖锐的啸叫声。如果不及时处理，可能导致话筒或扬声器损坏。由图 4-5 可以看出，从扬声器发出的声音反馈到话筒中，话筒将声音变换为电信号，经扩音机放大后再推动扬声器发声，形成了正反馈。这样周而复始，使放大后的信号幅度越来越大，形成了啸叫声，这种情况称为自激振荡，振荡器产生的信号是“自激”的，通常称为自激振荡器。

1. 自激振荡的形成

1)自激振荡的现象

通过扩音系统中的自激现象，感受放大器自激的效果。扩音系统中的自激如图 4-5 所示。

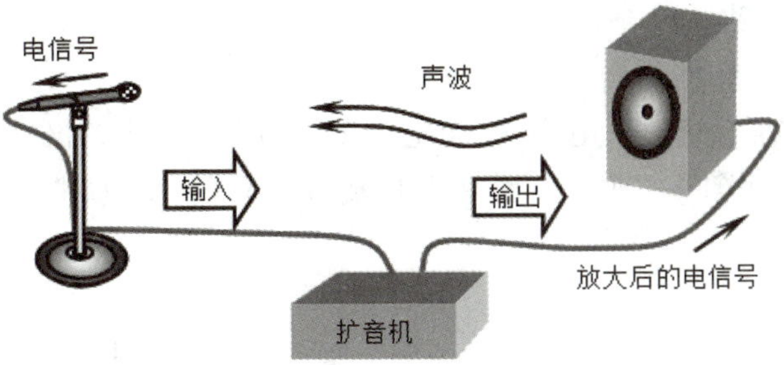

图 4-5　扩音系统中的自激

2）正弦波振荡电路的组成

正弦波振荡电路由放大器、反馈电路、选频网络和稳幅电路等部分组成，如图 4-6 所示。

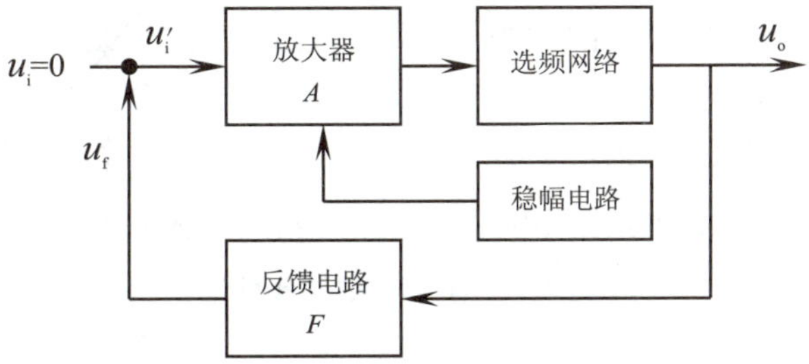

图 4-6　正弦波振荡电路的组成

电路通电的瞬间，电路将产生微小的噪声或扰动信号，电路对频率为 f_0 的正弦波产生正反馈过程，则输出信号 $u_o\uparrow \rightarrow u_f\uparrow(u_i'\uparrow)\rightarrow u_o\uparrow\uparrow$。于是 u_o 越来越大，由于管子的非线性特性，当 u_o 的幅值增大到一定程度时，放大倍数将减小（稳幅）→电路达到动态平衡。

2. 自激振荡产生的条件

1）相位平衡条件

要维持振荡，电路必须是正反馈，其条件是：$\varphi=0$ 或 $\varphi=\varphi_A+\varphi_F=2n\pi$（$n$=0，1，2，3，…）。其中 φ_A 为放大器的相移，φ_F 为反馈电路的相移，φ 为相位差。即，反馈电压的相位与净输入电压的相位必须相同，也就是反馈回路必须是正反馈。

2）振幅平衡条件

自激振荡的振幅平衡条件是：$AF\geqslant1$。即，要维持等幅振荡，反馈电压的大小必须等于净输入电压的大小：$u_f=u_i'$。

知识点 2：常用振荡电路

正弦波振荡电路按反馈网络性质分类可分为两大类：*RC* 振荡电路是由电阻、电容元件和放大电路组成的振荡电路。*LC* 振荡电路（含石英晶体振荡电路）是由电感、电容元件和放大电路组成的振荡电路。

1. *RC* 桥式振荡电路

1）*RC* 网络的选频特性

将电阻 R_1 与电容 C_1 串联、电阻 R_2 与电容 C_2 并联所组成的网络称为 *RC* 串并联选频网络，如图 4-7 所示。通常选取 $R_1=R_2=R$，$C_1=C_2=C$。

RC 振荡电路

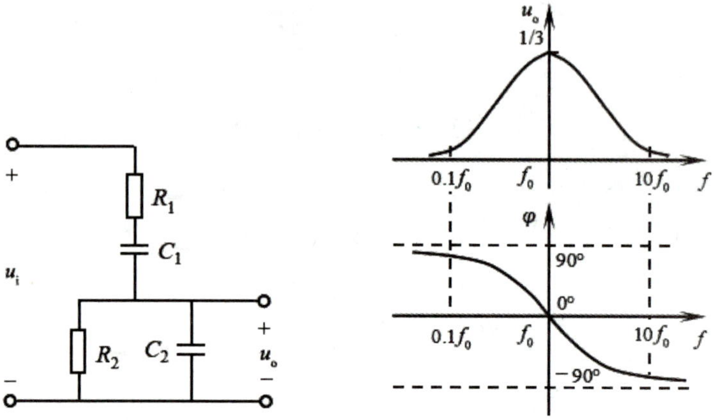

(a) *RC* 串并联网络　　(b) 幅频特性和相频特性

图 4-7　*RC* 串并联选频网络

（1）谐振频率 f_0 取决于选频网络 *R*、*C* 元件的数值，计算公式为：$f_0=\dfrac{1}{2\pi RC}$。

（2）当输入信号的频率 $f=f_0$ 时，输出电压 u_o 幅度最大为 $u_i/3$。其输出信号与输入信号之间的相移 $\varphi_F=0$。

（3）在 $f\neq f_0$ 时，输出电压幅度很快衰减，其存在一定的相移。所以 *RC* 串并联网络具有选频特性。

2）*RC* 桥式正弦波振荡电路

（1）*RC* 桥式正弦波振荡电路组成如图 4-8 所示。

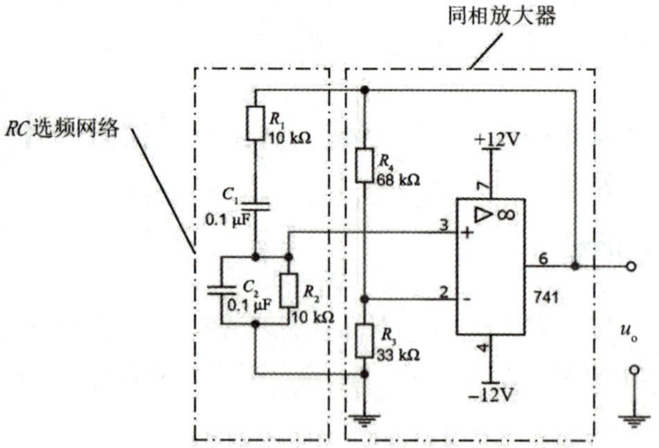

图 4-8　*RC* 桥式正弦波振荡电路

其中，*RC* 选频网络是由 R_1 C_1 和 R_2 C_2 构成具有选频作用的正反馈支路。同相放大器是由同相输入运放构成的放大器，*RC* 选频网络与同相放大器二者构成了正反馈放大器。

（2）振荡原理。

①相位条件：同相放大器的输入与输出信号相位差为 0°，*RC* 串并联选频网络的移相也为 0°，满足正弦波振荡的相位平衡条件。

②幅度条件：$f=f_0$ 时，*RC* 选频网络反馈系数 $F=1/3$。同相放大器的放大倍数 $A=1+R_3$，只要 R_3 和 R_4 的取值满足 $R_4 \geqslant 2R_3$ 时，$A \geqslant 3$，振荡电路就满足振荡的幅度平衡条件 $AF \geqslant 1$。

（3）振荡频率。通常情况下选取 $R_1=R_2=R$，$C_1=C_2=C$，则振荡频率为

$$f_0=\frac{1}{2\pi RC}$$

3）*RC* 振荡电路的稳幅

如图 4-9 所示是利用二极管的非线性特性自动完成稳幅的。当振荡电路输出幅值增大时，流过二极管的电流增大使二极管的动态电阻减小，同相放大器的负反馈得到加强，放大器的增益下降，从而使输出电压稳定。电阻 R_4 选用负温度系数热敏电阻，当输出电压升高时，通过负反馈电阻 R_4 的电流增大，即温度升高，R_4 阻值减小，负反馈增强，输出幅度下降，从而实现稳幅。电阻 R_3 选用正温度系数的热敏电阻，同样可以实现稳幅。

4）*RC* 振荡电路的特点

RC 桥式振荡电路的频率调节方便，波形失真度小，频率调节范围宽，适用于所需正弦波振荡频率较低的场合。当振荡频率较高时，应选用 *LC* 正弦波振荡电路。

LC 正弦波振荡电路

2. *LC* 正弦波振荡电路

LC 正弦波振荡电路是一种高频振荡电路。常用的 *LC* 正弦波振荡电路有变压器反馈式、电感三点式和电容三点式三种。

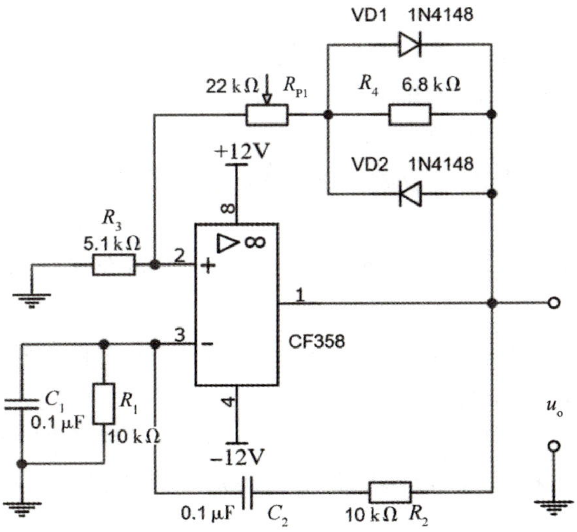

图 4-9 *RC* 振荡电路的稳幅

1）LC 并联网络的选频特性

LC 振荡电路采用 LC 并联谐振电路作为选频网络，如图 4-10 所示，其中 R 表示电感和电容的等效损耗电阻。信号频率 f 较低时，电容的容抗很大，网络呈感性；信号频率 f 较高时，网络呈容性；只有当 $f=f_0$ 时，网络才呈阻性，其阻抗无穷大，相移 $\varphi=0°$。

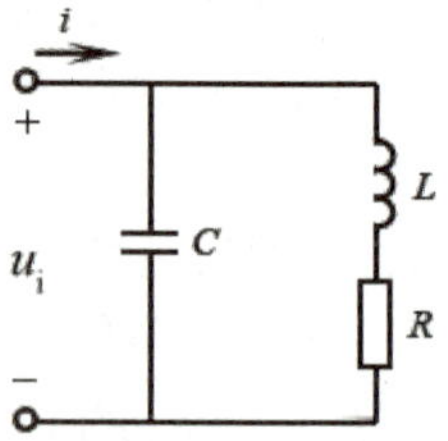

图 4-10　LC 并联谐振回路

LC 并联网络的谐振频率为

$$f_0=\frac{1}{2\pi\sqrt{LC}}$$

2）变压器反馈式振荡电路

（1）变压器仅馈式振荡电路组成，如图 4-11 所示。

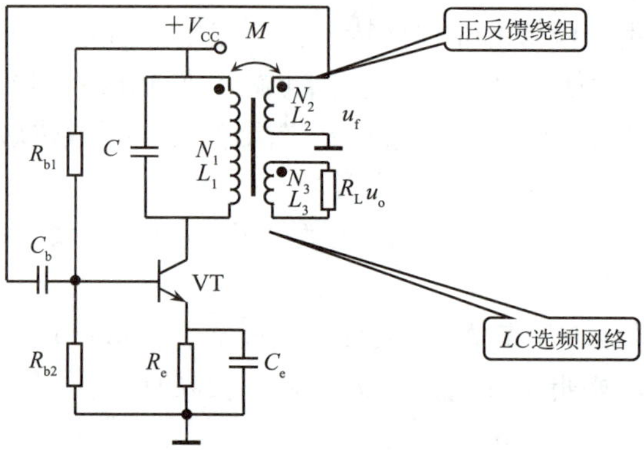

图 4-11　电路组成

变压器反馈式振荡电路，采用分压式偏置的共射放大电路；L_1C 并联回路为选频振荡回路；变压器二次绕组 L_2 作为反馈绕组，将输出电压的一部分反馈到输入采用分压式偏置的共射放大电路；

L_1C 并联回路为选频振荡回路；变压器二次绕组 L_2 作为反馈绕组，将输出电压的一部分反馈到输入端；L_3 作为振荡信号输出。

（2）振荡原理。

①幅度条件：只要三极管的电流放大倍数 β 及 L_1 和 L_2 的匝数比合适，一般情况下，幅度平衡条件容易满足。

②相位条件：必须正确连接反馈绕组 L_2 的极性，使之符合正反馈的要求，满足相位平衡条件。

判断电路是否满足相位平衡条件通常采用瞬时极性法，具体判断步骤如下：

步骤一：断开反馈支路与放大电路输入端的连接点；

步骤二：在断点处的放大电路输入端引入信号 u_i，并设其极性对地为正，然后按照先放大支路，后反馈支路的顺序，逐次推断有关电路各点的电位极性，从而确定 u_i 和 u_f 的相位关系；

步骤三：如果 u_i 和 u_f 同相，则电路满足相位平衡条件。否则，不满足相位平衡条件。

③振荡频率为：

$$f_0 \approx \frac{1}{2\pi\sqrt{L_1 C}}$$

例：判断如图 4-12 所示电路能否产生自激振荡。

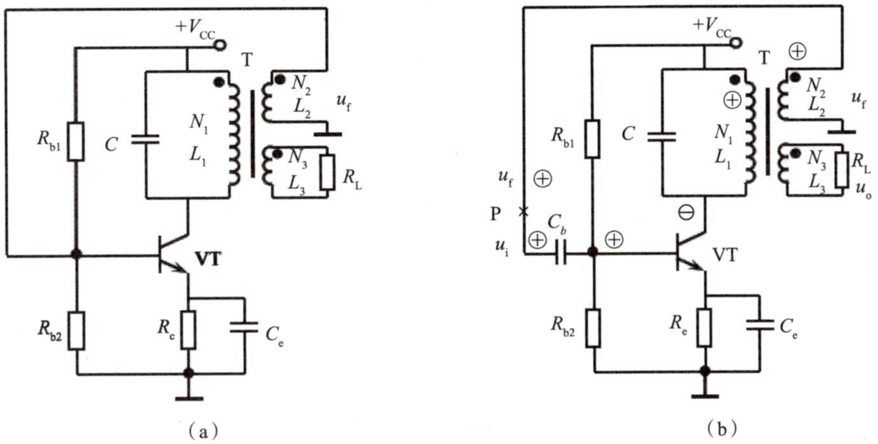

图 4-12　判断能否振荡

解：（1）图 4-12（a）所示电路中，三极管 VT 基极偏置电阻 R_{b1} 被反馈绕组 L_2 短路接地，使 VT 处于截止状态，不能进行放大，所以电路不能产生自激振荡。

（2）图 4-12（b）所示电路中，经检查，放大电路、反馈和选频电路都能正常工作。用瞬时极性法判断电路是否满足相位平衡条件，具体做法是：断开 P 点，在断开处引入信号 u_i，给定极性对地为正（用⊕表示），根据共射电路的倒相作用，可知集电极电位为负（用⊖表示），于是 L_2 同名端为正，根据同名端的定义可知，L_2 同名端也为正，反馈电压 u_f 极性为正，显然 u_f 和 u_i 同相，所以电路能产生自激振荡。

变压器反馈式振荡电路易于产生振荡，波形失真度小，应用范围广泛，振荡频率通常在几兆赫至几十兆赫之间，但振荡频率的稳定性较差，适用于固定频率的振荡电路。

3）电感三点式振荡电路

（1）电路组成：R_{b1}、R_{b2} 和 R_e 为偏置电阻；L_1、L_2 和 C 组成了选频网络，反馈电压取自 L_2 两端；C_b 为耦合电容，C_e 为旁路电容。由于电感的三个引出端分别与三极管的三个电极相连，因此称为电感三点式振荡电路。

（2）振荡原理。

①相位平衡条件：采用瞬时极性法判断，从三极管基极引入一个 u_i，其瞬时极性为⊕，如图 4-13（a）所示。

②幅度条件：改变绕组的抽头，可以调节反馈量的强度，使电路满足振幅平衡条件，就能振荡并产生一定频率的正弦信号。

（3）振荡频率：电路的振荡频率基本上等于 LC 并联电路的谐振频率，即

$$f_0 \approx \frac{1}{2\pi\sqrt{LC}}$$

式中，$L=L_1+L_2+2M$，其中 M 是 L_1 与 L_2 之间的互感系数。

电感三点式振荡电路结构简单、容易起振，改变绕组抽头的位置，可调节振荡电路的输出幅度。采用可变电容 C 可获得较宽的频率调节范围，工作频率一般可达几十千赫至几十兆赫。但波形较差，其频率稳定性也不高，通常用于对波形要求不高的设备中，如接收机的本机振荡电路等。

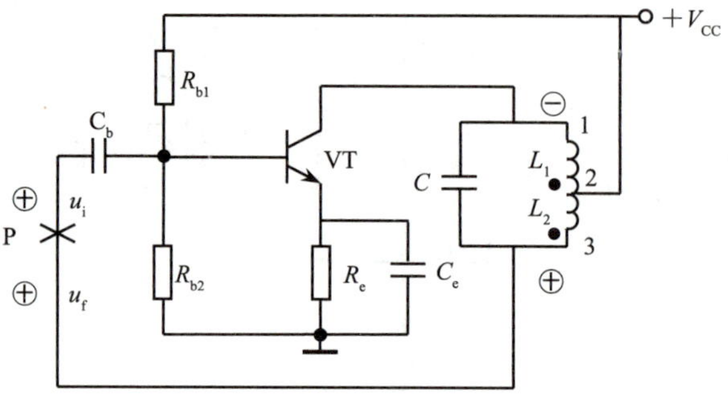

（a）电路原理图

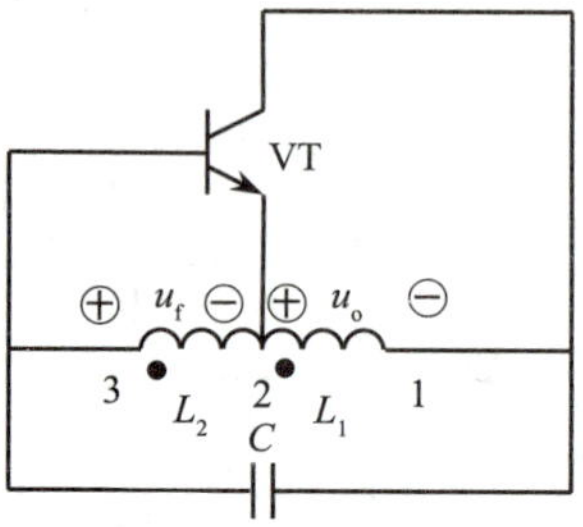

（b）交流通路

图 4-13　电感三点式振荡电路

4）电容三点式振荡电路

（1）电路组成：选频网络由电感 L、电容 C_1、C_2 组成，如图 4-14（a）所示，选频网络中的“1”端通过输出耦合电容 C_c 接集电极，“2”端通过旁路电容 C_e 接发射极，“3”端通过耦合电容 C_b 接基极。由于电容的三个端子分别与三极管 VT 的三个电极相连，故称为电容三点式振荡电路。

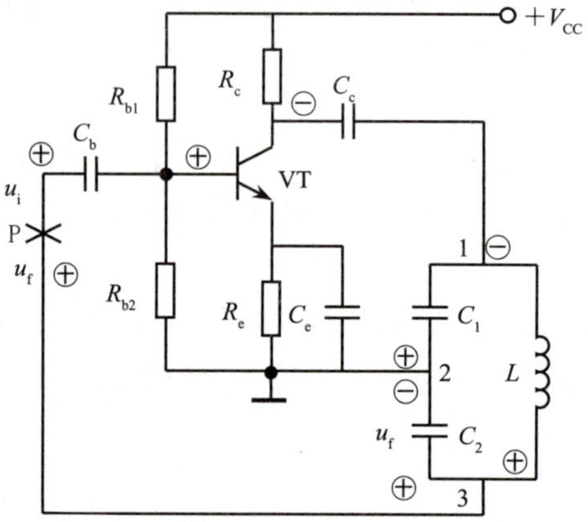

（a）电路原理图

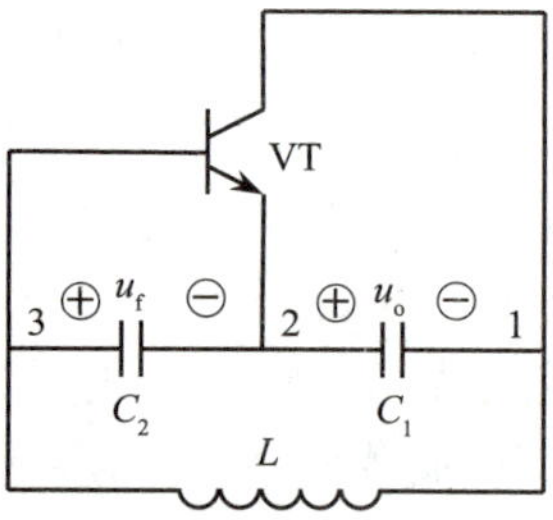

（b）交流通路

图 4-14　电容三点式振荡电路

（2）振荡原理：用瞬时极性法判断各点瞬时极性变化如图 4-14（b）所示。u_i 和 u_f 同相，即电路为正反馈，满足相位平衡条件。适当选择 C_1 和 C_2 的数值，就能满足幅度平衡条件和电路起振条件。

（3）振荡频率 f_0：振荡频率由 LC 回路谐振频率确定，电路的振荡频率为

$$f_0 \approx \frac{1}{2\pi\sqrt{LC}}$$

式中，$C=C_1C_2/(C_1+C_2)$

电容三点式振荡电路的结构简单，输出波形较好，振荡频率较高，可达 100 MHz 以上。调节 C_1 或 C_2 可以改变振荡频率，但同时会影响起振条件。因此，这种电路适用于产生固定频率的振荡。实用中改变频率的办法是在电感 L 两端并联一个可变电容，用来微调频率。

石英晶体振荡电路

知识点 3：石英晶体振荡电路

在实际运用中，要求振荡器的频率有一定的稳定度，而一般 LC 或 RC 振荡器的稳定度较低，不能满足要求频率稳定的电路，这时就必须采用石英晶体振荡器。石英晶体振荡器又称石英晶体谐振器，简称晶振，是一种高稳定度和高精度的振荡器。

用石英晶体谐振器取代 LC、RC 振荡器中的 L、R、C 元件所组成的正弦波振荡器，被广泛应用在彩色电视机、计算机、遥控器等各类振荡电路中。在通信系统中用于频率发生器，为数据处理设备产生时钟信号，并为特定系统提供基准信号。

1. 石英晶体的压电效应

石英晶体振荡器是从一块石英晶体上按一定方位角切下薄片（称为晶片），再在晶片的对应表面镀上银，引出两个电极，加上外壳封装而成，其外形、结构和图形符号如图 4-15 所示。

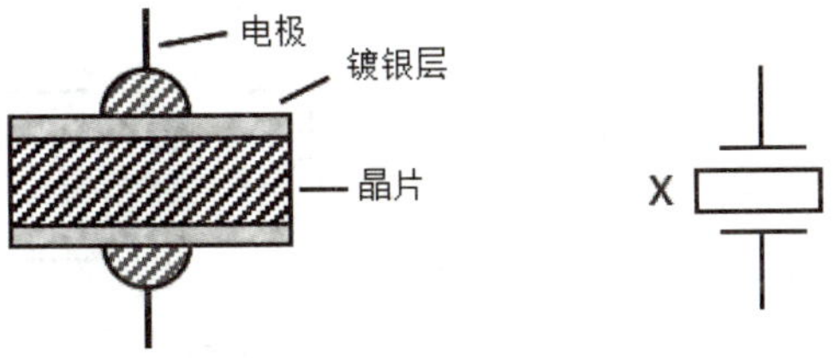

（a）结构示意　　（b）图形符号

图 4-15　石英晶体

如果在石英晶片两个极板间加一个交变电压（电场），晶片就会产生与该交变电压频率相似的机械振动。而晶片的机械振动，又会在其两个电极之间产生一个交变电场，这种现象称为压电效应。

2. 石英晶体的等效电路

石英晶体的压电谐振等效电路如图 4-16（a）所示，图 4-16（b）中，f_S 为晶体串联谐振频率；f_P 为晶体并联谐振频率。

当电路的振荡频率等于石类晶体的谐振频率时，电路产生谐振，产生谐振时的振荡频率称为晶体谐振器的振荡频率。

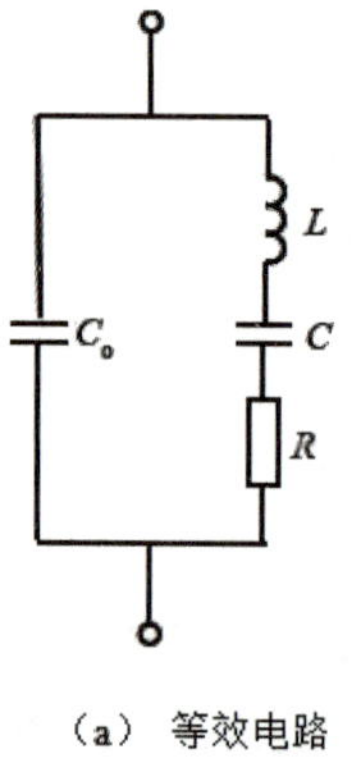

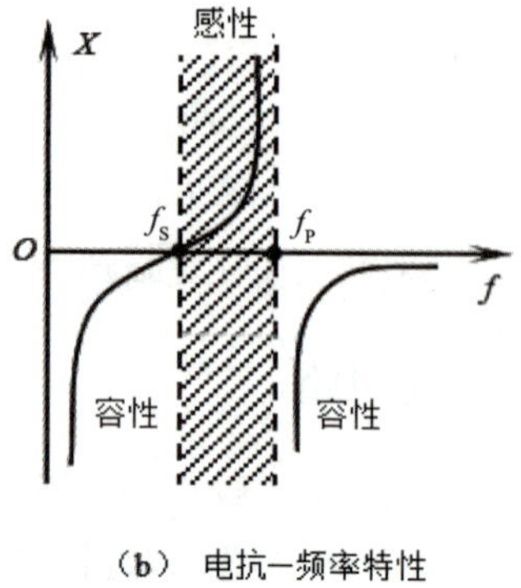

图 4-16　石英晶体的压电谐振等效电路

3. 石英晶体振荡电路

石英晶体振荡电路的形式很多,但其基本电路只有两类,一类称为并联型石英晶体振荡电路,如图 4-17 所示;另一类称为串联型石英晶体振荡电路,如图 4-18 所示。

在并联型石英晶体振荡电路中,石英晶体相当于一个大电感,与外接电容构成三点式振荡电路。在串联型石英晶体振荡电路中,当频率等于石英晶体的串联谐振频率时,石英晶体阻抗最小,为纯电阻,此时石英晶体构成正反馈支路,满足相位平衡条件,正反馈达到最强,电路产生正弦波振荡。

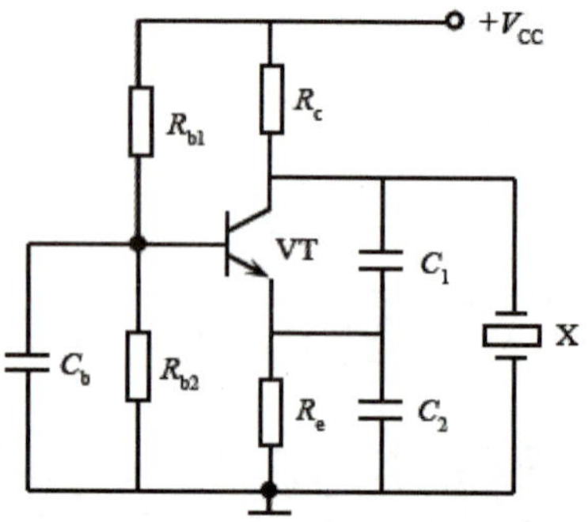

图 4-17　并联型石英晶体振荡电路

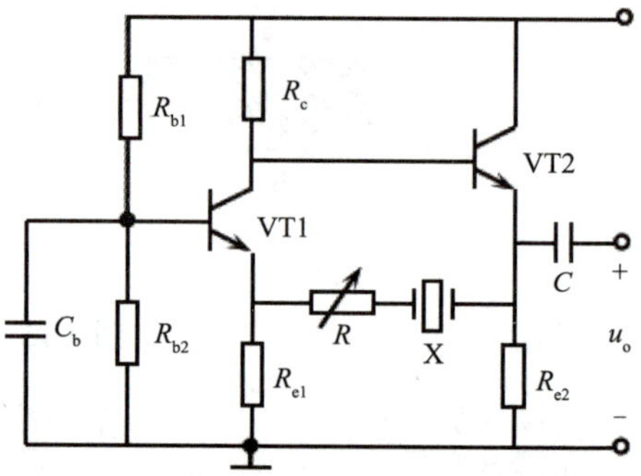

图 4-18　串联型石英晶体振荡电路

任务拓展

为了进一步巩固学生对振荡电路的理解和应用能力,教师可以安排以下拓展任务。

(1)多布置各种振荡电路图,让同学们分析,判定该电路是否振荡,巩固理论知识。

(2)鼓励学生用不同振荡电路进行报警器的设计与制作,并进行安装调试。

(3)对设计制作的报警器从灵敏度到声音辨识度等方面进行评比,让同学们进行评价。

(4)上网搜集资料:高科技报警设备在生活及其他行业领域中的应用。

(5)将本次任务的经验和心得写成实验报告,与同学和老师分享。

拓展阅读

人脸识别与防盗(摘自学习强国公众号)

上海市普陀区人民检察院发现,该辖区内有超市在出入口安装采集消费者人脸信息的摄像头等设备,还会对消费者的多项数据进行分析并予以差异化提示,甚至有人还被打上“疑似小偷”等标签,而消费者对此毫不知情。检察官张晓灵介绍说,这些标签包括性别、年龄,甚至具体心情等,“超市通过人脸比对,可以把一些他们认为可疑人员的人脸添加到所谓的人脸库当中,等到这个可疑人员下次再来的时候,监控就会自动报警”。

通过 30 天的影像资料来看,辖区内相关设备采集了大约 14 万张人脸照片,而真正有偷窃行为的嫌疑人,相比这个数据而言只是少数。在经过相关部门履行调查并进行处罚后,如今此辖区“购物而被偷拍”乱象已罕见。对于此类将消费者“定罪”的现象,中国政法大学数据法治研究院教授张凌寒表示,非经过法庭的审判不能给任何人定罪,打这种标签本身就是对人身份的一种歧视。

专家解释,如果除了做身份识别和验证之外,要通过人脸识别技术去达到其他的目的,就不符合“必要目的和特定目的”的基本原则。“超市安装摄像头等设备,主要是为了防盗。但是否必须通过人脸识别来防盗呢?很显然是没有必要的。”

习题检测

一、选择题

1. 振荡器的振荡频率取决于(　　)。

A. 供电电源　　B. 选频网络　　C. 晶体管的参数　　D. 外界环境

2. 为提高振荡频率的稳定度,高频正弦波振荡器一般选用(　　)。

A. LC 正弦波振荡器　　B. 晶体振荡器

C. RC 正弦波振荡器　　D. 石英晶体振荡器

3. 设计一个振荡频率可调的高频高稳定度的振荡器,可采用(　　)。

A. RC 振荡器　　B. 石英晶体振荡器

C. 互感耦合振荡器　　D. 并联改进型电容三点式振荡器

4. 串联型晶体振荡器中,晶体在电路中的作用等效于(　　)。

A. 电容元件　　B. 电感元件　　C. 大电阻元件　　D. 短路线

5. 振荡器是根据_____反馈原理来实现的,_________反馈振荡电路的波形相对较好。

A. 正、电感　　B. 正、电容　　C. 负、电感　　D. 负、电容

6. 石英晶体振荡器的频率稳定度很高是因为(　　)。

A. 低的 Q 值　　B. 高的 Q 值　　C. 小的接入系数　　D. 大的电阻

7. 正弦波振荡器中正反馈网络的作用是(　　)。

A. 保证产生自激振荡的相位条件

B. 提高放大器的放大倍数,使输出信号足够大

C. 产生单一频率的正弦波

D. 以上说法都不对

8. 改进型电容三点式振荡器的主要优点是(　　)。

A. 容易起振　　B. 振幅稳定　　C. 频率稳定度较高　　D. 减小谐波分量

9. 在自激振荡电路中,下列哪种说法是正确的(　　)。

A. *LC* 振荡器、*RC* 振荡器一定产生正弦波

B. 石英晶体振荡器不能产生正弦波

C. 电感三点式振荡器产生的正弦波失真较大

D. 电容三点式振荡器的振荡频率做不高

10. ______振荡器的频率稳定度高。(　　)。

A. 互感反馈　　B. 克拉泼电路　　C. 西勒电路　　D. 石英晶体

二、填空题

1. 振荡器的振幅平衡条件是______________,相位平衡条件是___________。

2. 石英晶体振荡器频率稳定度很高,通常可分为______和___________两种。

3. 电容三点式振荡器的发射极至集电极之间的阻抗 Z_{ce} 性质应为_________,发射极至基极之间的阻抗 Z_{be} 性质应为________,基极至集电极之间的阻抗 Z_{cb} 性质应为________。

4. 要产生较高频率信号应采用______振荡器,要产生较低频率信号应采用__________振荡器,要产生频率稳定度高的信号应采用_____________振荡器。

5. *LC* 三点式振荡器电路组成的相位平衡判别是与发射极相连接的两个电抗元件必须______________,而与基极相连接的两个电抗元件必须为____________。

三、判断题

1. 在串联型石英晶体振荡电路中,石英晶体相当于一个大电感,与外接电容构成三点式振荡电路。(　　)

2. 电感三点式振荡器的输出波形比电容三点式振荡器的输出波形好。(　　)

3. 反馈式振荡器只要满足振幅条件就可以振荡。(　　)

4. 在并联型石英晶体振荡电路中,石英晶体相当于一个大电感,与外接电容构成三点式振荡电路。(　　)

5. 放大器必须同时满足相位平衡条件和振幅条件才能产生自激振荡。(　　)

6. 正弦振荡器必须输入正弦信号。(　　)

7. *LC* 振荡器是靠负反馈来稳定振幅的。(　　)

8. 正弦波振荡器中如果没有选频网络,就不能引起自激振荡。(　　)

9. 反馈式正弦波振荡器是正反馈的一个重要应用。(　　)

10. *LC* 正弦波振荡器的振荡频率由反馈网络决定。(　　)

学习情境 5

表决显示电路的制作与调试

表决显示器(图 5-1)是一种专门为议案表决、民主评议、现场互动等需求研发的电子器件。因为其保密性好、操作简单、可靠性高、表决结果自动生成等特点,得广泛应用。表决显示器电路(图 5-2)是对数字电路的综合应用的体现。通过本模块的学习,学生除了学习数字电路中基本的门电路等基础知识外,还可以学到编码器、译码器的知识,最后再设计并制作一款表决显示电路,从理论到实践真正掌握数字电路的知识,并获得数字电路安装与调试的技能。

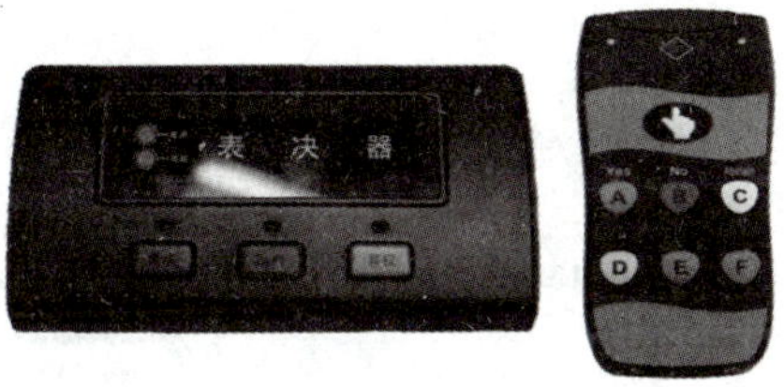

图 5-1　表决显示器实物图

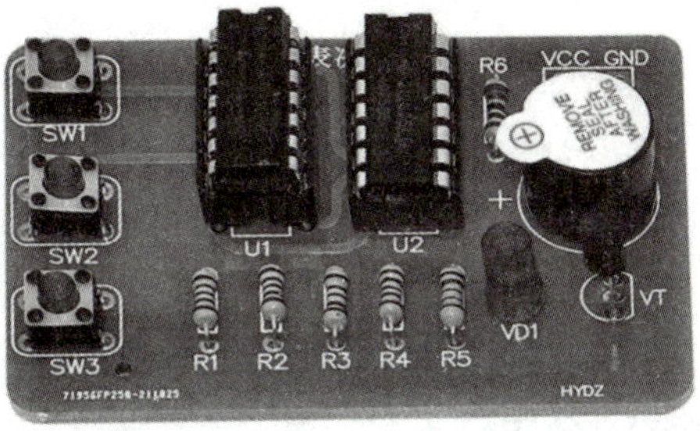

图 5-2　表决显示器电路图

学习目标

【知识目标】

1. 掌握各种逻辑门电路的符号、表达式、真值表和逻辑功能;
2. 理解 TTL、CMOS 集成逻辑门电路的型号、引脚功能等使用常识;
3. 理解逻辑代数的基本概念、运算公式和化简;
4. 掌握二进制、十进制数的表示方法,熟悉编码器和译码器的基本功能;
5. 熟悉常用数码显示器件的基本结构和工作原理。

【能力目标】

1. 会测基本逻辑门电路和复合门电路的逻辑功能;

2. 能根据逻辑功能设计逻辑电路，会安装电路，实现其逻辑功能；
3. 能进行二进制、十进制数之间的相互转换；
4. 会根据原理电路选择所需元器件，并作简易检测；
5. 会制作表决显示电路。

【素质目标】

1. 通过项目的分组实施培养学生的团队合作精神；
2. 通过项目负责人的方式培养学生的组织协调管理的意识；
3. 通过课外收集资料拟定方案等活动培养学生自主探究的学习习惯。

知识导图

表决显示电路知识导图如图 5-3 所示。

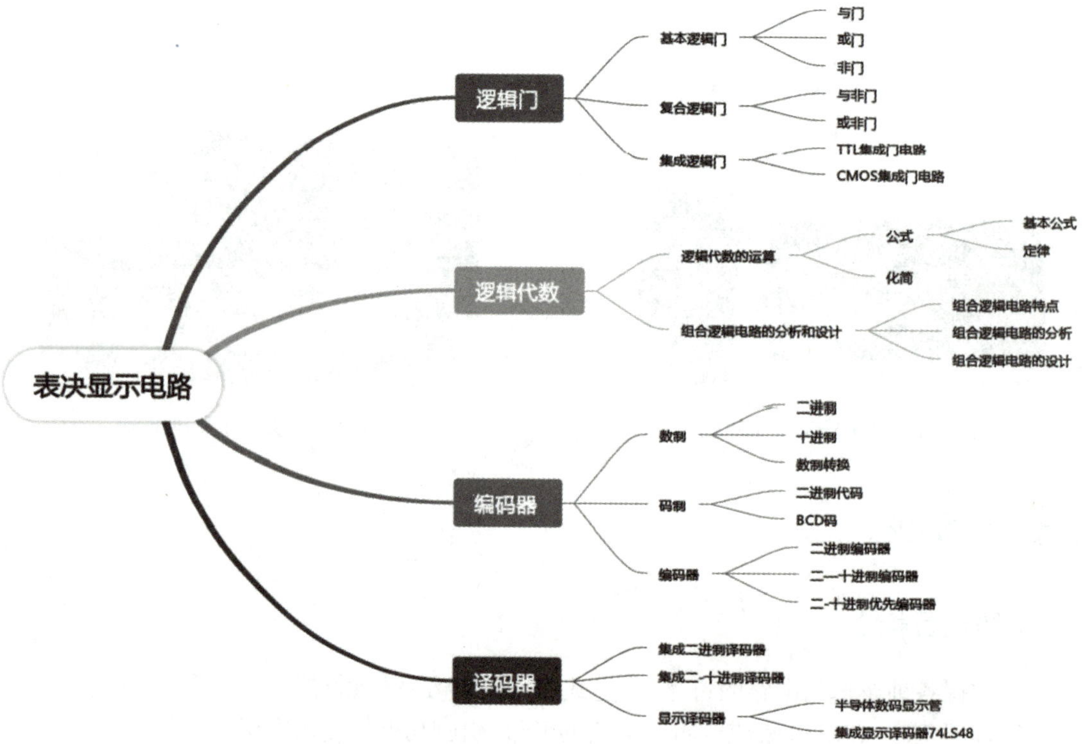

图 5-3　知识导图

任务书

任务书

专业班组		班长		日期	
学习任务：我校“工匠杯”感动校园人物海选活动即将开始，为了活动的公平公共并顺利举行，同时发挥电子专业学生所学，特此要求学生自制一批表决显示电路，交给三位导师评选，同时通过的人物即可入选下一轮评选。同学们，让我们一起来研究表决显示电路的制作吧					
检查意见：					
签章：					

任务分组

学生任务分配表

组长	职　责			
组员	姓名	任务	姓名	任务

获取信息

引导问题 1：基本逻辑运算有________、________、________三种。

引导问题 2：“与”指的是________________________________，其运算符为________。实现“与”功能的电路称作________门，其图形符号为________（国标符号）。A、B 相与的表达式为________。

引导问题 3：“或”指的是________________，其运算符为________。实现“或”功能的电路称作________门，其图形符号为________（国标符号）。A、B 相或的表达式为________。

引导问题 4：“非”指的是________________，其运算符为________。实现“非”功能的电路称作________门（或称作反相器），其图形符号为________（国标符号）。A 的非的表达式为________。

引导问题 5：将与、或、非三种基本运算进行组合，就可以得到复合逻辑运算，常用的复合逻辑运算有________、________、________、________、________五种。

引导问题 6：“异或”指的是 A、B 不同时结果为________，否则为__________，数学符号为________。异或门的图形符号为________（国标符号），其逻辑表达达式为__________。

引导问题 7：“同或”指的是 A、B 相同时结果为________，否则为________，数学符号为________。同或门的图形符号为________，（国标符号），其逻辑表表达式为__________。

引导问题 8：逻辑代数中有三种与普通代数相似的定律，分别为：________、________和________，逻辑代数中还有一些特殊定理：________、________和________。

引导问题 9：交换律填空：$A \cdot B=$________；$A+B=$________。

引导问题 10：根据结合律填空：$(A \cdot B) \cdot C=$________；$(A+B)+C=$________。

引导问题 11：按内部所采用器件的不同，集成逻辑门电路分为________和________集成门电路两大类。

引导问题 12：逻辑电路按照逻辑功能的不同可分为两大类：一类是______逻辑电路。另一类是______逻辑电路。

引导问题 13：数制就是________________。按进位方法的不同，有______计数、______计数和______计数等。

引导问题 14：组合逻辑电路可以用________、________、________和________四种方法中的任何一种表示其逻辑功能。

引导问题 15：74LS138 是 3 线—8 线集成译码器，其输入________有效，输出________有效。

工作计划

1. 制定工作方案。

（　　　　　）工作方案

步骤	工作内容	负责人
1		
2		
3		
4		
5		

续表

步骤	工作内容	负责人
6		
7		
8		
9		

2. 写出表决显示电路的工作原理。

3. 列出仪表、工具、耗材和器件清单。

仪表、工具、耗材和器件清单

序号	名称	型号与规格	单位	数量	备注

4. 画出表决显示电路的原理图。

进行决策

1. 各组派代表阐述设计方案。

2. 各组对其他组的设计方案提出自己不同的看法并记录。

3. 教师结合大家完成的情况进行点评，选出最佳方案。

工作实施

（1）先对表决显示电路的制作与调成电路电路原理图进行仿真操作（扫描二维码观看仿真过程）完成后进行截屏、录屏，后上交作品。表决显示电路原理图如图 5-4 所示。

表决显示电路的原理　　表决显示电路的仿真　　表决显示电路的焊接与调试

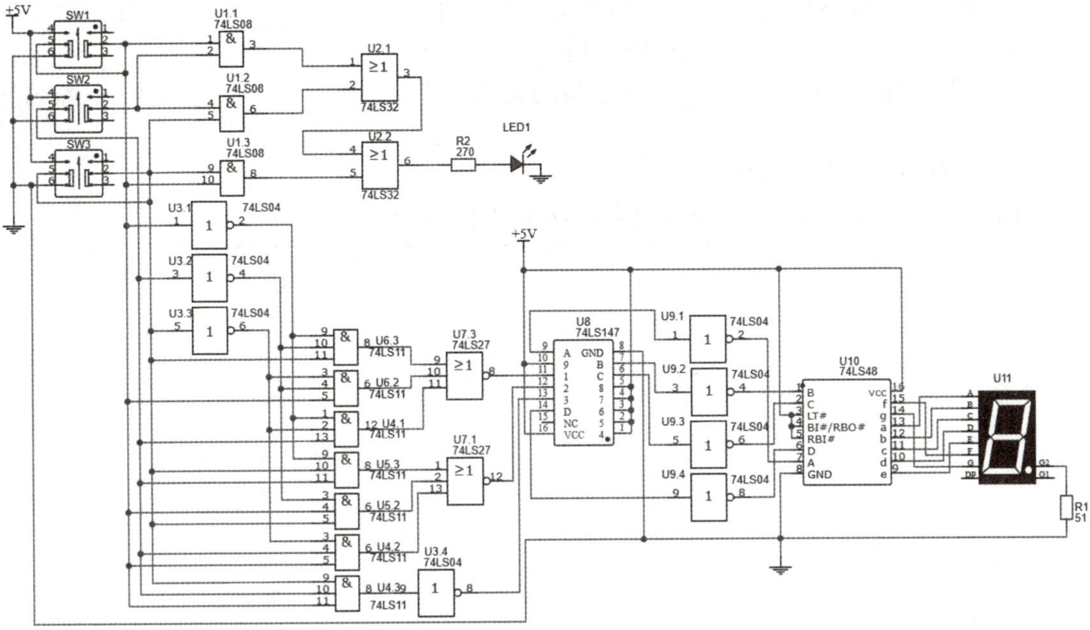

图 5-4　表决显示电路原理图

(2)按照本组制定的计划(最佳方案)实施表决显示电路安装。

①领取元器件及材料。

元器件及材料领取表

序号	名称	型号与规格	单位	数量	备注

②检查元器件。元器件的选型及检测,需先对元器件进行选配,保证元器件的完好性。每组对选配元器件进行一一检查核对。

引导问题 1:74LS04 是______门电路的集成元件,总计有______个引脚,输入端分别是引脚______________________,电源端是____。

引导问题 2:74LS08 是______门电路的集成元件,总计有______个引脚,输出端分别是引脚______________________,电源端是____。

引导问题 3:74LS48 是______门电路的集成元件,总计有______个引脚,输入端分别是引脚______________________,电源端是____。

引导问题 4：74LS32 是______门电路的集成元件，总计有_______个引脚，输出端分别是引脚______________________，电源端是_____。

引导问题 5：74LS27 是_______门电路的集成元件，总计有_______个引脚，电源端是_____。

③按最佳方案安装元器件。

④根据最佳方案布线，画出表决显示电路布置图和接线图。

⑤安装与调试表决显示电路。元器件安装顺序应遵循先小后大、先低后高、先里后外的原则。集成电路引脚多且密，焊接难度很大。因此，在焊接前必须做好以下的准备工作。

a. 电烙铁选用功率为 25 W 左右的电烙铁，烙铁头应为尖嘴形，并用锉刀修整尖头，防止施焊时尖头上的毛刺拖动引脚；

b. 焊锡丝一定要选用低熔点的；

c. 焊接前用电烙铁对印制电路板进行平整，仔细检查印刷电路板有无起皮、断落；

d. 焊接集成电路时要注意控制温度和时间；

e. 安装集成电路时，要注意方向不要搞错，否则，通电时集成电路很可能被烧毁。

在通电调试之前，必须认真检查电路连线是否有错误，焊接点是否够牢固，对照电路图，按一定的顺序逐级对应检查，确认无误后再通电调试。

评价反馈

各组代表展示作品，介绍任务的完成过程。作品展示前准备阐述资料，填写阐述项目表，并完成下列评价表。

学生自评表

任务	完成情况记录
任务是否按计划时间完成	
相关理论完成情况	
技能训练情况	
任务完成情况	
任务创新情况	
材料上交情况	
收获	

学生互评表

序号	评价项目	小组互评	教师评价	总评
1	任务是否按时完成			
2	材料完成上交情况			
3	作品质量			
4	语言表达能力			
5	小组成员合作面貌			
6	创新点			

教师评价表

序号	评价项目	自我评价	互相评价	教师评价	综合评价
1	学习准备				
2	引导问题填写				
3	规范操作				
4	完成质量				
5	关键操作要领掌握				
6	完成速度				
7	5S 管理、环保节能				
8	参与讨论主动性				
9	沟通协作				
10	展示汇报				

注：评价等级统一采用 A（优秀）、B（良好）、C（合格）、D（努力）四级。

学习情境的相关知识点

知识点 1:基本逻辑门电路

基本逻辑门电路

一、数字信号与模拟信号的区别

电信号可分为两大类:一类是模拟信号,另一类是数字信号,如图 5-5 所示。处理数字信号的电子电路称为数字电路。

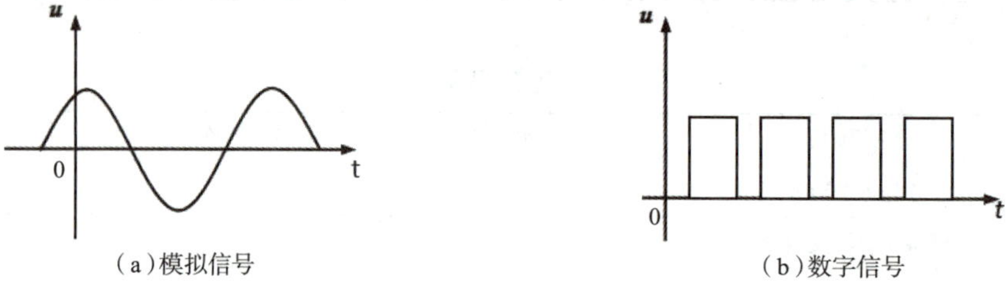

图 5-5 模拟信号与数字信号的波形

在数字电路中,通常用电位的高、低去控制门电路。输入与输出信号只有两种状态:高电平状态和低电平状态。

规定用“1”表示高电平,用“0”表示低电平,称为正逻辑,反之为负逻辑。

二、与门电路

数字电路中往往用输入信号表示“条件”,用输出信号表示“结果”,而条件与结果之间的因果关系称为逻辑关系,能实现某种逻辑关系的数字电子电路称为逻辑门电路。

基本的逻辑关系有:与逻辑、或逻辑、非逻辑,与之相应的基本逻辑门电路有与门、或门、非门。

1. 与逻辑关系

当一件事情的几个条件全部具备之后,这件事情才能发生,否则不发生。这样的因果关系称为与逻辑关系,也称为逻辑乘。

2. 与逻辑关系的表示

(1)用逻辑函数表达式表示

$$Y=A\cdot B \text{ 或 } Y=AB$$

式中,Y 为逻辑门的输出结果。Y 可为逻辑“0”也可为逻辑“1”,值取决于输入 A 和 B 的值。A 和 B 为逻辑门的输入变量。A 和 B 的取值只有两种可能,即逻辑“0”和逻辑“1”,分别对应低电平和高电平(在数字电路中)。

(2)用真值表表示(将全部可能的输入组合及其对应的输出值用表格表示称之为真值表),如表 5-1 所示。从真值表分析可以看出,与逻辑功能为“有 0 出 0,全 1 出 1”。

表 5-1　与逻辑真值表

输入		输出
A	B	Y
0	0	0
0	1	0
1	0	0
1	1	1

3. 与门电路

能实现与逻辑功能的电路称为与门电路，简称与门。门电路可以用二极管、三极管、MOS 管和电阻等分立元件组成，也可以由集成电路组成。

与门电路的电路图形符号（又称逻辑图），如图 5-6 所示。

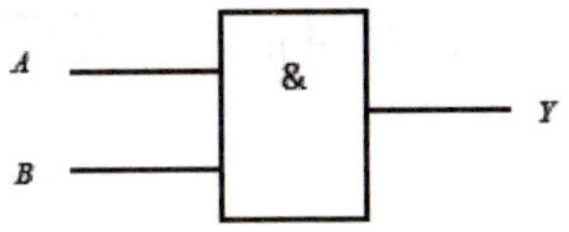

图 5-6　与门电路的图形符号

三、或门电路

1. 或逻辑关系

当决定一件事情的各个条件中至少具备一个条件，这件事情才能发生，否则不发生。这样的因果关系称为或逻辑关系，也称逻辑加。

2. 或逻辑关系的表示

（1）逻辑函数表达式表示

$$Y=A+B$$

（2）用真值表表示，如表 5-2 所示。从真值表分析可以看出，或逻辑功能为“有 1 出 1，全 0 出 0”。

表 5-2　或逻辑的真值表

输入		输出
A	B	Y
0	0	0
0	1	1
1	0	1
1	1	1

3. 或门电路

能实现或逻辑功能的电路称为或门电路，简称或门。或门电路的电路图形符号，如图 5-7 所示。

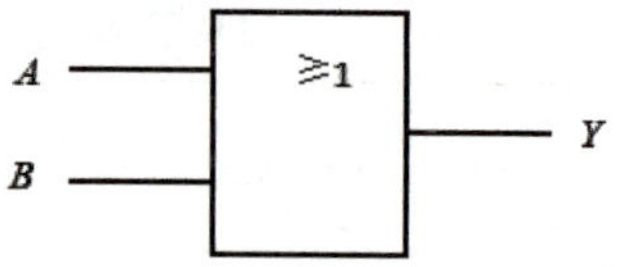

图 5-7　或门电路的图形符号

四、非门电路

1. 非逻辑关系

事情和条件总是呈相反状态。这样的因果关系称为非逻辑关系,也称逻辑非。

2. 非逻辑关系的表示

(1)用逻辑函数表达式表示

$$Y=\overline{A}$$

(2)非逻辑的真值表如表 5-3 所示。从真值表分析可以看出,非逻辑功能为“有 0 出 1,有 1 出 0”。

表 5-3　非逻辑真值表

输入	输出
A	Y
0 1	1 0

3. 非门电路

能实现非逻辑功能的电路称为非门电路,又称反相器,简称非门。图 5-8 为非门电路的电路图形符号。

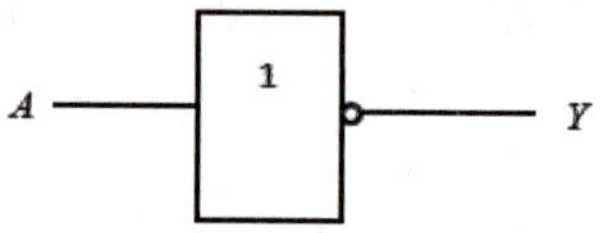

图 5-8　非门电路的图形符号

知识点 2:复合逻辑门电路

复合逻辑门电路

一、与非门

在与门后串接非门就构成了一个与非门。图 5-9(a)所示为与非门的逻辑电路图,图 5-9(b)所示为与非门电路图形符号。

（a）与非门逻辑电路图　　（b）与非门电路图形符号

图 5-9　与非门的逻辑电路图和图形符号

与非门的逻辑函数表达式为

$$Y=\overline{A\cdot B}$$

与非门真值表如表 5-4 所示，其逻辑功能可归纳为“有 0 出 1，全 1 出 0”。

表 5-4　与非门真值表

输入		AB	输出
A	B		$Y=\overline{A\cdot B}$
0	0	0	1
0	1	0	1
1	0	0	1
1	1	1	0

二、或非门

在或门后串接非门就构成了一个或非门。图 5-10（a）所示为或非门的逻辑电路图，图 5-10（b）所示为或非门电路图形符号。

（a）或非门逻辑电路图　　（b）或非门电路图形符号

图 5-10　或非门逻辑电路图和图形符号

或非门的逻辑函数表达式为

$$Y=\overline{A+B}$$

或非门真值表如表 5-5 所示，其逻辑功能可归纳为“有 1 出 0，全 0 出 1”。

表 5-5　或非门真值表

输入		输出	
A	B	Y	$Y=\overline{A+B}$
0	0	0	1
0	1	1	0
1	0	1	0
1	1	1	0

三、其他门电路

1. 与或非门

与或非门一般由两个或多个与门和一个或门,再和一个非门串联而成。图 5-11(a)为与或非门的逻辑结构图,图 5-11(b)为与或非门电路图形符号。

与或非门的逻辑函数表达式为

$$Y=\overline{AB+BC}$$

根据上式可得与或非门真值表如表 5-6 所示,A、B、C、D 四个输入变量有十六种可能的取值情况。其逻辑功能可归纳为“一组全 1 出 0,各组有 0 出 1”。

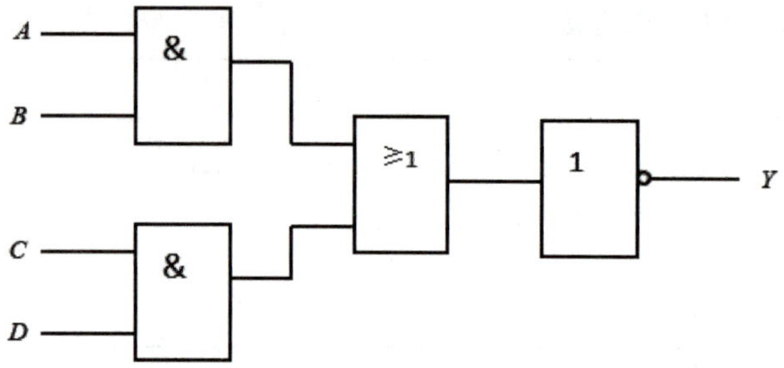

(a)与或非门逻辑结构图

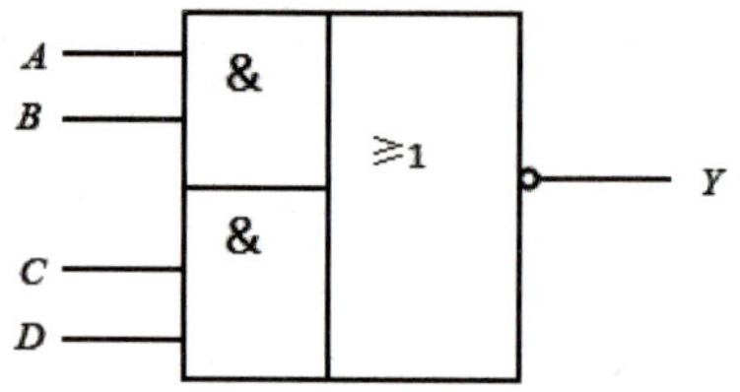

(b)与或非门电路图形符号

图 5-11 与或非门逻辑结构图和图形符号

表 5-6 与或非门真值表

输入				输出
A	B	C	D	Y
0	0	0	0	1
0	0	0	1	1
0	0	1	0	1
0	0	1	1	0
0	1	0	0	1
0	1	0	1	1
0	1	1	0	1
0	1	1	1	0
1	0	0	0	1
1	0	0	1	1
1	0	1	0	1
1	0	1	1	0
1	1	0	0	0
1	1	0	1	0
1	1	1	0	0
1	1	1	1	0

2. 异或门

异或门的逻辑结构及电路图形符号如图 5-12 所示。

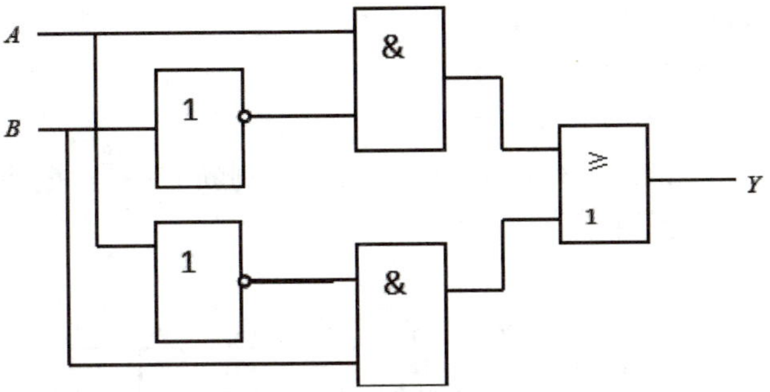

(a)异或门逻辑电路图

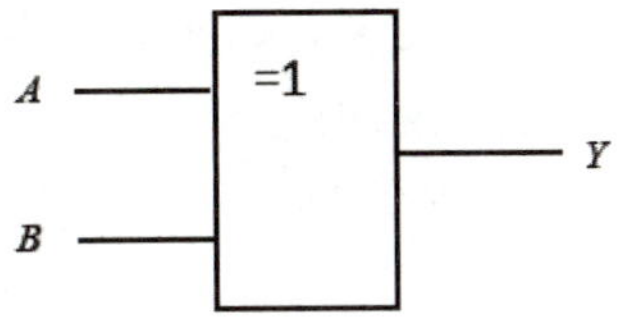

(b)异或门电路图形符号

图 5-12 异或门的逻辑电路和图形符号

异或门在数字电路中作为判断两个输入信号是否相同的门电路，是一种常用的门电路。其逻辑函数表达式可写成

$$Y=\overline{A}B+A\overline{B} \text{ 或 } Y=A\oplus B$$

根据上式可得异或门真值如表 5-7 所示，其逻辑功能可归纳为“同出 0，异出 1”。

表 5-7 异或门真值表

输入		输出
A	B	Y
0	0	0
0	0	1
1	0	1
1	1	0

知识点 3：集成逻辑门电路

按内部所采用器件的不同，集成逻辑门电路分为 TTL 集成门电路和 CMOS 集成门电路两大类。

集成逻辑门电路

一、TTL 集成门电路

TTL 集成门电路内部输入、输出级都采用三极管，这种电路也称为三极管—三极管逻辑电路。

1. 产品系列和外形封装

TTL 集成电路通常采用双列直插式外形封装，74LS 系列为现代主要应用产品。TTL 集成电路的型号由五部分构成，如 CT74LS××CP。第一部分字母 C 表示国标；第二部分字母 T 表示 TTL 电路；第三部分是器件系列和品种代号：74 表示国际通用 74 系列，54 表示军用产品系列，LS 表示低功耗肖特基系列，×× 为品种代号；第四部分字母表示器件工作温度：C 为 0~70 ℃，G 为-25~70 ℃，L 为-25~85 ℃，E 为-40~85 ℃，R 为-55~85 ℃；第五部分字母表示器件封装;P为塑料双列直插式,J为黑瓷双列直插式。

CT74LS××CP可简称或简写为74LS××或LS××。

2. 引脚识读

74LS系列集成门电路的引脚排列图,如图5-13所示。引脚编号的判断方法是:把凹槽标志置于左方,引脚向下,逆时针自下而上顺序依次为1,2,3,…

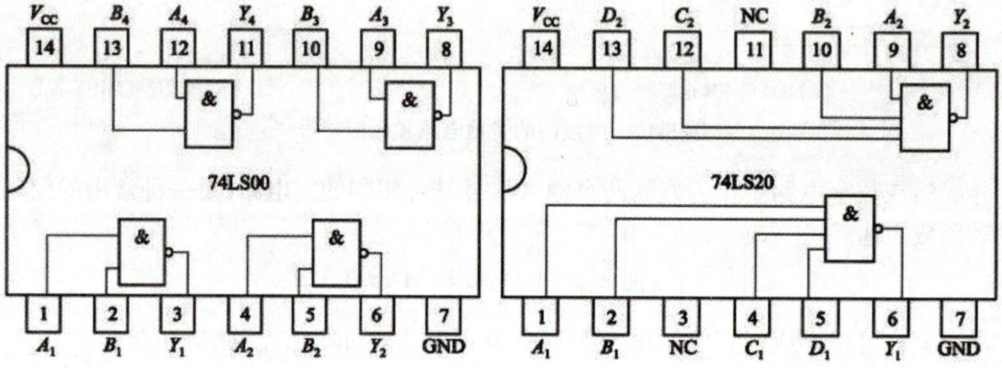

(a)四2输入与非门　　(b)双4输入与非门

图5-13　74LS系列集成门电路的引脚排列图

3. TTL集成电路使用技巧

(1)TTL集成电路功耗较大,电源电压必须保证在4.75~5.25 V,建议使用稳压电源供电。

(2)TTL集成电路若有不使用的多余引脚可以悬空,相当于高电平,但实际使用中抗干扰能力差,一般不建议采用。与门和与非门的多余引脚应将其接至固定的高电平,或门和或非门多余引脚应将其接地。

(3)TTL集成电路的输入端不能直接与高于5.5 V或低于-0.5 V的低内阻电源连接,否则会造成器件损坏。

(4)TTL集成电路的输出端不允许与正电源或地短接,必须通过电阻与正电源或地连接。

二、CMOS集成门电路

CMOS集成门电路是由PMOS场效晶体管和NMOS场效晶体管组成的互补电路。

1. 产品系列和外形封装

CMOS集成门电路系列较多,现主要有4000(普通)、74HC(高速)、74HCT(与TTL兼容)等产品系列,其中4000系列品种多、功能全,现仍被广泛使用。外形封装与TTL集成门电路相同。

CMOS集成电路的型号由五部分构成,如CC74HC××RP。第一部分字母C表示国标;第二部分字母C表示CMOS电路;第三部分是器件系列和品种代号:74表示国际通用74系列,54表示军用产品系列,HC表示高速CMOS系列,××为品种代号;第四部分字母表示器件工作温度：G 为−25~70 ℃，L 为−25~85 ℃，E 为−40~85 ℃，R 为−55~85 ℃，M 为−55~125 ℃。第五部分字母表示器件封装：P 为塑封双列直插式，J 为黑瓷双列直插式。

CC74HC××RP 可简称或简写为 74HC×× 或 HC××（对于 4000 系列，这部分用 40××）。

2. 引脚识读

CMOS 集成电路通常采用双列直插式外形，引脚编号判断方法与 TTL 相同，如 CC4001 是四 2 输入或非门，CC4011 是四 2 输入与非门，都采用 14 脚双列直插塑封装，其引脚功能如图 5-14 所示，V_{DD}、V_{SS} 与 TTL 的 V_{CC}、GND 表示字符不同，以作区别。

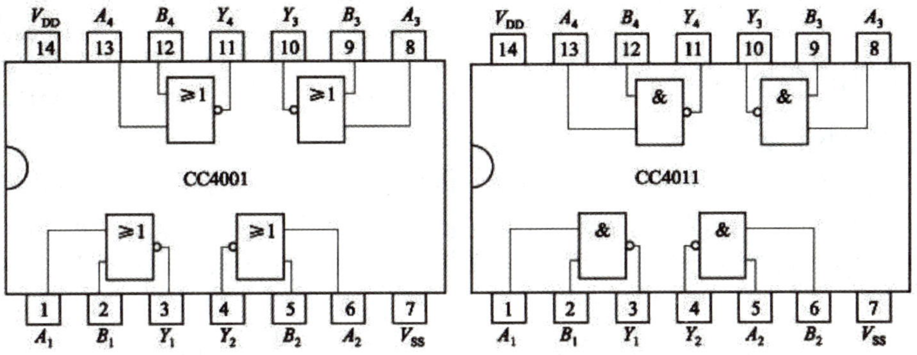

（a）四 2 输入或非门　　（b）四 2 输入与非门

图 5-14　CMOS 集成电路引脚图

3. CMOS 集成电路使用技巧

（1）CMOS 集成电路功耗低，4000 系列的产品电源电压在 4.75~18 V 范围内均可正常工作，建议使用 10 V 电源电压供电。

（2）COMS 集成电路若有不使用的多余输入端不能悬空。与门和与非门的多余端应将其接至固定的高电平，或门和或非门多余端应将其接地。

（3）COMS 集成电路在存放、组装和调试时，要有一定的防静电措施。

（4）COMS 集成电路的输出端不允许与正电源或地短接，必须通过电阻与正电源或地连接。

三、CMOS 和 TTL 电路的主要差异

（1）CMOS 电路的工作速度比 TTL 电路低。

（2）CMOS 带负载的能力比 TTL 电路强。

（3）CMOS 电路的电源电压允许范围较大，抗干扰能力比 TTL 电路强。

（4）CMOS 电路的功耗比 TTL 电路小得多。门电路的功耗只有几个微瓦，中规模集成电路的功耗也不会超过 100 μW。

（5）CMOS 集成电路的集成度比 TTL 电路高。

四、集成逻辑门电路的选用

（1）若要求功耗低、抗干扰能力强，则应选用 CMOS 电路。其中 4000 系列一般用于工作频率 1 MHz 以下、驱动能力要求不高的场合；74HC 系列 常用于工作频率 20 MHz 以下、要求较强驱动能力的场合。

（2）若对功耗和抗干扰能力要求一般，可选用 TTL 电路。目前多用 74LS 系列，它的功耗较小，工作频率一般可至 20 MHz；如工作频率较高，可选用 CT74ALS 系列，其工作频率一般可至 50 MHz。

知识点 4：逻辑代数

逻辑代数

一、逻辑代数的运算

1. 逻辑代数的常用公式

逻辑代数不同于普通代数，它研究逻辑函数与逻辑变量之间的关系，是研究逻辑电路的数学工具，为分析和设计逻辑电路提供了理论基础。逻辑代数中的变量是二元常量，只有两个值，即 0（逻辑 0）和 1（逻辑 1），没有中间值。而且 0 和 1 不表示数量的大小，而是表示两种对立的逻辑状态。

表 5-8，5-9，5-10 列出了逻辑代数的基本公式和定律。这些定律的证明，最直接的办法就是通过真值表去证明。若等式两边逻辑函数的真值表相同，则等式成立。

（1）逻辑代数的基本公式如表 5-8 所示。

表 5-8　逻辑代数基本公式

公式名称	与运算公式	或运算公式
基本公式	$A \cdot 1 = A$	$A + 1 = 1$
	$A \cdot 0 = 0$	$A + 0 = A$

（2）和普通代数相似的定律如表 5-9 所示。

表 5-9　逻辑代数普通定律

公式名称	与运算公式	或运算公式
交换律	$A \cdot B = B \cdot A$	$A + B = B + A$
结合律	$A \cdot (\mathrm{B} \cdot \mathrm{C}) = (A \cdot B) \cdot C$	$A + (B + C) = (A + B) + C$
分配律	$A \cdot (B + C) = (A \cdot B) + (A \cdot C)$	$A + (B \cdot C) = (A + B) \cdot (A + C)$

（3）逻辑代数特有的定律如表 5-10 所示。

表 5-10　逻辑代数特有定律

公式名称	与运算公式	或运算公式
还原律	$\overline{\overline{A}}=A$	
互补律	$A\cdot\overline{A}=0$	$A+\overline{A}=1$
同一律	$A\cdot A=A$	$A+A=A$
摩根定律	$\overline{A\cdot B}=\overline{A}+\overline{B}$	$\overline{A+B}=\overline{A}\cdot\overline{B}$
吸收律	$A+A\cdot B=A$	
	$A+\overline{A}B=A+B$	

2. 逻辑代数的化简

逻辑函数式越简单，则实现这个逻辑函数所需要的逻辑函数就越少。为此，经常需要通过化简的手段找出逻辑函数的最简形式。我们规定，若函数中包含的乘项已经最少，而且每个乘项里的因子也不能再减少时，则称此函数式为最简函数式。常见的化简法有公式化简法、卡若图化简法等。

公式化简法的原理是：反复使用逻辑代数的基本运算法则消去函数式中多余的乘积项和多余的因子，以求得函数式的最简形式。

（1）并项法。根据公式 $AB+A\overline{B}=A$ 可以将两项合并为一项，并消去 B 和 $\overline{B}$ 这一对因子。

例 5-1：试用并项法化简下列逻辑函数式。

$$Y_1=A\overline{\overline{B}CD}+A\overline{B}CD=A\left(\overline{\overline{B}CD}+\overline{B}CD\right)=A$$

$$Y_2=A\overline{B}+ACD+\overline{A}\overline{B}+\overline{A}CD=A\left(\overline{B}+CD\right)+\overline{A}\left(\overline{B}+CD\right)=\overline{B}+CD$$

（2）吸收法。根据公式 $A+A\cdot B=A$ 可将 AB 项消去。

例 5-2：试用吸收法化简下列逻辑函数式。

$$Y_1=AB+ABC+ABD=AB$$

$$Y_2=AB+AB\overline{C}+ABD+AB\left(\overline{C}+\overline{D}\right)=AB+AB\left[\overline{C}+D\left(\overline{C}+\overline{D}\right)\right]=AB$$

（3）消项法。根据公式 $AB+\overline{A}C+BC=AB+\overline{A}C$ 可将 BC 项消去。A 和 B 可以代表任何复杂的逻辑式。

例 5-3：试用消项法化简下列逻辑函数。

$$Y_1=AC+A\overline{B}+\overline{B+C}=AC+A\overline{B}+\overline{B}\overline{C}=AC+\overline{B}\overline{C}$$

$$\begin{aligned}Y_2&=\overline{A}\overline{B}C+ABC+\overline{A}B\overline{D}+A\overline{B}\overline{D}+A\overline{B}C\overline{D}+BC\overline{D}\overline{E}\\&=\left(\overline{A}\overline{B}+AB\right)C+\left(\overline{A}B+A\overline{B}\right)\overline{D}+BC\overline{D}\left(\overline{A}+\overline{E}\right)\\&=\left(\overline{A\oplus B}\right)C+\left(A\oplus B\right)\overline{D}+C\overline{D}\left[B\left(\overline{A}+\overline{E}\right)\right]\\&=\left(\overline{A\oplus B}\right)C+\left(A\oplus B\right)\overline{D}\end{aligned}$$

（4）消因子法。利用公式 $A+\overline{A}B=A+B$ 可将 $\overline{A}B$ 中的 $\overline{A}$ 消去。A，B 均可以是任意复

杂的逻辑式。

例 5-4:试用消因子法化简下列逻辑函数式。

$$Y_1 = \bar{B} + ABC = \bar{B} + AC$$

$$Y_2 = A\bar{B} + B + \bar{A}B = A + B + \bar{A}B = A + B$$

$$Y_3 = AC + \bar{A}D + \bar{C}D = AC + \left(\bar{A} + \bar{C}\right)D = AC + \overline{AC}D = AC + D$$

(5)配项法。根据 $A + A = A$ 可以在逻辑函数式中重复写入某一项,以获得更加简单的化简结果。

例 5-5:试用配项法化简下列逻辑函数式。

$$Y = \bar{A}B\bar{C} + \bar{A}BC + ABC$$

若在式中重复写入 $\bar{A}BC$,则可得到

$$\begin{aligned} Y &= \left(\bar{A}B\bar{C} + \bar{A}BC\right) + \left(\bar{A}BC + ABC\right) \\ &= \bar{A}B\left(\bar{C} + C\right) + BC\left(\bar{A} + A\right) \\ &= \bar{A}B + BC \end{aligned}$$

此外,还可以根据 $A + \bar{A} = 1$ 将式中的某一项乘以 $\left(A + \bar{A}\right)$,然后拆成两项分别与其他项合并,以求得更简化的结果。

二、组合逻辑电路的分析和设计

组合逻辑电路的分析和设计

1. 组合逻辑电路特点

逻辑电路按照逻辑功能的不同可分为两大类:一类是组合逻辑电路;另一类是时序逻辑电路。

组合逻辑电路的特点是没有记忆功能,电路任意时刻的输出状态仅取决于该时刻的输入状态,而与电路原有状态无关。组合逻辑电路在结构上由各类基本逻辑门电路组合而成,实现各种不同的逻辑功能。

组合逻辑电路可以用逻辑表达式、真值表、逻辑图、卡诺图四种方法中的任何一种表示其逻辑功能。

2. 组合逻辑电路的分析

组合逻辑电路的分析,是指基于逻辑电路图,分析、明确该电路的基本功能。理论上讲,逻辑电路图本身就是逻辑功能的一种表达方式,但在许多情况下,用逻辑电路图表达的逻辑功能不够直观、形象,往往需要将其转化成逻辑表达式或是真值表的形式,以使逻辑功能表达更加直观、明确。

组合逻辑电路分析一般可按如下步骤进行,如图 5-15 所示。

图 5-15　组合逻辑电路分析步骤

（1）根据已知的逻辑图写出逻辑函数表达式，方法是由输入到输出逐级写出逻辑函数表达式，最后写出该电路输出和输入的逻辑表达式。

（2）对写出的逻辑函数表达式进行化简，得到最简逻辑表达式。

（3）根据最简逻辑表达式列出真值表。

（4）根据所列真值表，分析、确定逻辑电路的基本逻辑功能。

3. 组合逻辑电路的设计

与组合逻辑电路的分析相反，组合逻辑电路的设计是根据给定的逻辑功能要求，设计出实现该功能的逻辑电路。组合逻辑电路的设计一般可按如下步骤进行，如图 5-16 所示。

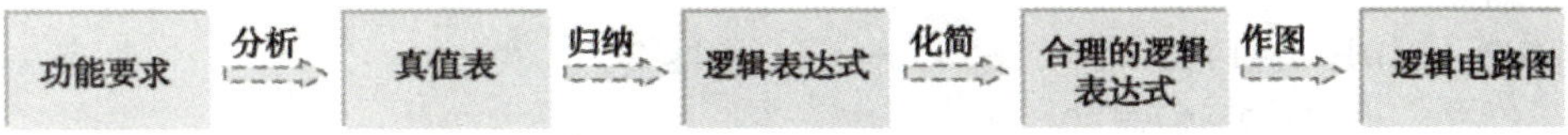

图 5-16　组合逻辑电路设计步骤

（1）逻辑状态赋值。用逻辑电路实现某一事件的逻辑功能时，需要分析该事件的因果关系，将“因”作为逻辑电路的输入，“果”作为逻辑电路的输出，并用 0、1 分别代表输入和输出两种不同的状态。

（2）根据事件的因果关系，列出输入和输出对应的真值表。

（3）按真值表写出逻辑表达式。

（4）将逻辑表达式化简或变换。

（5）根据化简或变换后的逻辑表达式，画出逻辑电路图。

知识点 5:编码器

一、数制

数制与数制转换

数制就是计数的方法。按进位方法的不同，有十进制计数、二进制计数和十六进制计数等。

1. 十进制

（1）十进制有 0,1,2,3,4,5,6,7,8,9 共十个符号，这些符号称为数码。

（2）相邻位的关系，高位为低位的十倍，逢十进一，借一当十。

（3）数码的位置不同，所表示的值就不同，数码位置有十分位、个位、十位、百位……

例如：$(246.134)_{10}=2\times10^2+4\times10^1+6\times10^0+1\times10^{-1}+3\times10^{-2}+4\times10^{-3}$ 中，10^2、10^1、10^0、10^{-1}、10^{-2}、10^{-3} 是各位数码的“位权”，十进制中位权是 10 的整数幂。

2. 二进制

（1）二进制仅有 0 和 1 两个不同的数码。

（2）相邻位的关系为逢二进一，借一当二。

（3）数码的位权是 2 的整数幂。例如：$(1011)_2=1\times2^3+0\times2^2+1\times2^1+1\times2^0$，$(10011.01)_2=1\times2^4+0\times2^3+0\times2^2+1\times2^1+1\times2^0+0\times2^{-1}+1\times2^{-2}$。

（4）二进制的加法运算。

例 5-6：10101+1101=?

解：在加法运算时，要注意"逢二进一"的原则，即遇到 2 就向相邻高位进 1，本位为 0。

$(10101)_2+(1101)_2=(100010)_2$

$$\begin{array}{r} 10101 \\ +\quad 1101 \\ \hline 100010 \end{array}$$

3. 数制的转换

（1）二进制数转换为十进制数。可将非十进制数按权展开，得出其相加结果，就是对应的十进制数。

例 5-7：$(11010)_2=1\times2^4+1\times2^3+0\times2^2+1\times2^1+0\times2^0$

$=2^4+2^3+0+2^1+0$

$=(26)_{10}$

例 5-8：$(174)_{16}=1\times16^2+7\times16^1+4\times16^0$

$=256+112+4$

$=(372)_{10}$

（2）十进制整数转换为二进制数。可将十进制整数逐次地用 2 除取余数，一直到商为零。然后把全部余数按相反的次序排列起来，就是等值的二进制数。

例 5-9：将十进制数 19 转化为二进制数。

除数	被除数		余数
2	19	……………	余 1
2	9	……………	余 1
2	4	……………	余 0
2	2	……………	余 1
2	1	……………	余 1
	0		

读数方向（由下往上）

所以$(19)_{10}=(10011)_2$。

二、码制

1. 二进制代码

数字系统处理的信息，一类是数值，另一类则是文字和符号，这些信息往往采用多位二进制数码来表示。通常把这种表示特定对象的多位二进制数称为二进制代码。

二进制代码与所表示的信息之间应具有一一对应的关系，用 n 位二进制数可以组合成 2^n 个代码，若需要编码的信息有 N 项，则应满足 $2^n\geqslant N$。

2. BCD 码

用于表示 1 位十进制数的 4 位二进制代码称为二—十进制代码，简称 BCD 码。

由于 4 位二进制数可以组成 16(2^4)个代码,而十进制数码只需要其中的 10 个代码。因此 16 种组合中选取 10 种组合方式,便可得到多种二—十进制编码的方案,表 5-11 所示是三种常见的 BCD 码。

表 5-11　三种常见的 BCD 码

十进制数	8421 码	5421 码	余 3 码
0	0000	0000	0011
1	0001	0001	0100
2	0010	0010	0101
3	0011	0011	0110
4	0100	0100	0111
5	0101	1000	1000
6	0110	1001	1001
7	0111	1010	1010
8	1000	1011	1011
9	1001	1100	1100

8421BCD 码是使用最多的一种编码,在用 4 位二进制数码来表示 1 位十进制数时,每 1 位二进制数的位权依次为 2^3, 2^2, 2^1, 2^0,即 8421,所以称为 8421 码。从表 5-11 中可发现,8421 码选取 0000~1001 前十种组合来表示十进制数,而后六种组合舍去不用。

例 5-10:将十进制数 10 用 8421BCD 码表示。

十进制数　1　0

8421 码　0001　0000

$(10)_{10}=(00010000)_{8421}$

例 5-11:将十进制数 396 用 8421BCD 码表示。

十进制数　3　9　6

8421 码　0011　1001　0110

$(369)_{10}=(001110010110)_{8421}$

三、编码器

将若干个 0 和 1 按一定规律编排在一起,组成不同的代码,并将这些代码赋予特定的含义,这就是数字电路中的编码。能够完成编码功能的组合逻辑电路称为编码器。

1. 二进制编码器

用 n 位二进制代码对 2^n 个信号进行编码的电路,称为二进制编码器。

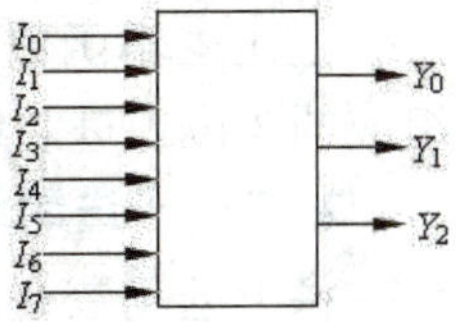

图 5-17　8 线—3 线编码器示意图

(1)3 位二进制编码器的示意图。如图 5-17 所示,I_0、I_1、I_2、I_3、I_4、

I_5、I_6、I_7 为编码器 8 路输入，分别表示 8 个编码对象。Y_2、Y_1、Y_0 为编码器 3 位二进制代码的输出。因编码器有 8 个输入、3 个输出，也称 8 线—3 线编码器。

（2）3 位二进制编码器的真值表。编码器在任意时刻只能对应一个输入信号编码，即 8 个输入中只能有一个有效输入，由此可得出 3 位二进制编码器的真值表，如表 5-12 所示。

表 5-12　3 位二进制编码器的真值表

十进制数	输入								输出		
	I_7	I_6	I_5	I_4	I_3	I_2	I_1	I_0	Y_2	Y_1	Y_0
0	0	0	0	0	0	0	0	1	0	0	0
1	0	0	0	0	0	0	1	0	0	0	1
2	0	0	0	0	0	1	0	0	0	1	0
3	0	0	0	0	1	0	0	0	0	1	1
4	0	0	0	1	0	0	0	0	1	0	0
5	0	0	1	0	0	0	0	0	1	0	1
6	0	1	0	0	0	0	0	0	1	1	0
7	1	0	0	0	0	0	0	0	1	1	1

（3）3 位二进制编码器的逻辑电路图如图 5-18 所示。

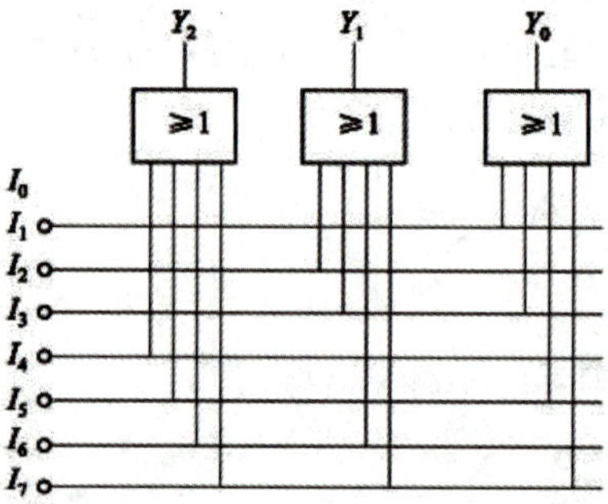

图 5-18　3 位二进制编码器逻辑电路图

根据真值表可以写出逻辑函数表达式：

$$Y_2=I_4+I_5+I_6+I_7$$
$$Y_1=I_2+I_3+I_6+I_7$$
$$Y_0=I_1+I_3+I_5+I_7$$

上述逻辑函数表达式已为最简与或表达式，可据此画出用或门组成的 3 位二进制编码器的逻辑电路图。

2. 二—十进制编码器

将十进制数 0~9 的 10 个数字编成二进制代码的电路，称为二—十进制编码器，如图 5-19 所示。I_0、I_1、I_2、I_3、I_4、I_5、I_6、I_7、I_8、I_9 为编码器

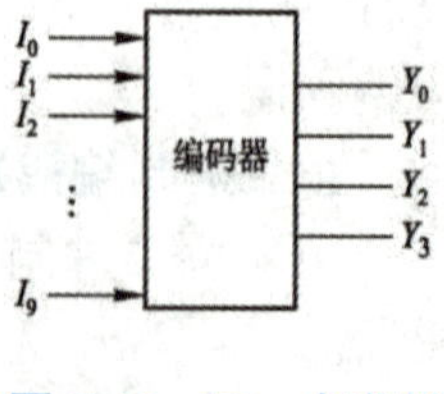

图 5-19　二—十进制编码器示意图

的 10 个输入端，分别代表十进制数 0~9 的 10 个数字；Y_3、Y_2、Y_1、Y_0 为编码器的 4 个输出端，表示 4 位二进制代码。

（1）编码方法。4 位二进制代码有 16 种状态组合，可任意选出 10 种表示 0~9 这 10 个数字，不同的选取方式即表示不同的编码方法。最常用的是 8421BCD 码。

（2）8421BCD 编码器的真值表如表 5-13 所示。

表 5-13　8421 编码器真值表

十进制数	输入										输出			
	I_9	I_8	I_7	I_6	I_5	I_4	I_3	I_2	I_1	I_0	Y_3	Y_2	Y_1	Y_0
0	0	0	0	0	0	0	0	0	0	1	0	0	0	0
1	0	0	0	0	0	0	0	0	1	0	0	0	0	1
2	0	0	0	0	0	0	0	1	0	0	0	0	1	0
3	0	0	0	0	0	0	1	0	0	0	0	0	1	1
4	0	0	0	0	0	1	0	0	0	0	0	1	0	0
5	0	0	0	0	1	0	0	0	0	0	0	1	0	1
6	0	0	0	1	0	0	0	0	0	0	0	1	1	0
7	0	0	1	0	0	0	0	0	0	0	0	1	1	1
8	0	1	0	0	0	0	0	0	0	0	1	0	0	0
9	1	0	0	0	0	0	0	0	0	0	1	0	0	1

根据真值表，按照逻辑电路的设计方法，可列出 8421BCD 编码器的逻辑函数表达式并画出逻辑电路图。

编码器在应用中突出的优点是可以将较多的信号编码后用较少的信号传输线进行传输，减少传输信号线的数量，如 8 线—3 线编码器，可以将 8 个信号用 3 条传输线传输。

编码器电路中，任意时刻都只有一个输入有效，有效电平可以是 0，也可以是 1。前述编码器中，输入、输出都是高电平有效，这种编码器同时输入两个或两个以上的高电平，输出信号将出错。为了解决这个问题，集成编码器中通常采用优先编码的方式。

3. 二—十进制优先编码器

将编码器各输入端赋予不同的优先级别，电路运行时，允许同时输入两个或两个以上的信号，但电路只对优先级别高的输入信号编码，对其他输入信号不予考虑，这样的电路称为优先编码器。目前市场上供应的集成编码器多为优先编码器。

74LS147 是一种常用的 8421BCD 码集成优先编码器。图 5-20 是它的外围引脚功能图。它有 $\overline{I_0}$、$\overline{I_1}$、$\overline{I_2}$、…、$\overline{I_9}$ 10 个输入端（其中 $\overline{I_0}$ 对应引脚为 15 脚，NC 表示空脚，可空置不接），有 4 位 BCD 码输出，从高位到低位分别为 $\overline{Y_3}$、$\overline{Y_2}$、$\overline{Y_1}$ 和 $\overline{Y_0}$。输入、输出均为低电平有效，即 0 表示信号有效，1 表示信号无效。

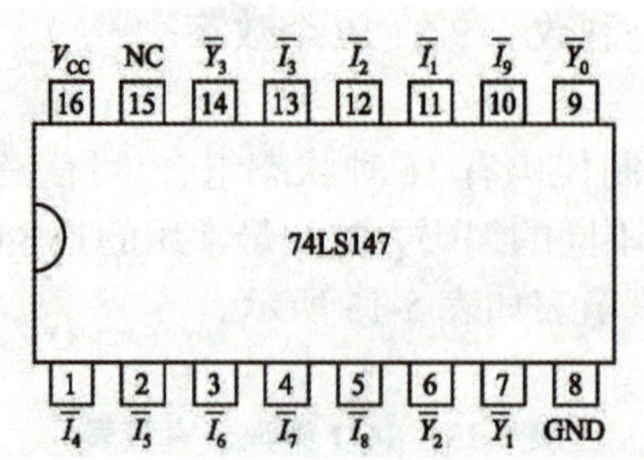

图 5-20　74LS147 外围引脚功能图

74LS147 的真值表如表 5-14 所示，表中 × 表示可取任意值，即该输入的取值不影响输出状态，由此可以判定输入的优先级别。

表 5-14　74LS147 的真值表

十进制数	输入									输出			
	$\overline{I_9}$	$\overline{I_8}$	$\overline{I_7}$	$\overline{I_6}$	$\overline{I_5}$	$\overline{I_4}$	$\overline{I_3}$	$\overline{I_2}$	$\overline{I_1}$	$\overline{Y_3}$	$\overline{Y_2}$	$\overline{Y_1}$	$\overline{Y_0}$
0	1	1	1	1	1	1	1	1	1	1	1	1	1
1	1	1	1	1	1	1	1	1	0	1	1	1	0
2	1	1	1	1	1	1	1	0	×	1	1	0	1
3	1	1	1	1	1	1	0	×	×	1	1	0	0
4	1	1	1	1	1	0	×	×	×	1	0	1	1
5	1	1	1	1	0	×	×	×	×	1	0	1	0
6	1	1	1	0	×	×	×	×	×	1	0	0	1
7	1	1	0	×	×	×	×	×	×	1	0	0	0
8	1	0	×	×	×	×	×	×	×	0	1	1	1
9	0	×	×	×	×	×	×	×	×	0	1	1	0

知识点 6：译码器

一、集成二进制译码器

译码器

译码是编码的逆过程，是将每一个输入二进制代码“翻译”成为一个特定的输出信号。

译码器
- 通用译码器
  - 二进制译码器
  - 二—十进制译码器
- 显示译码器

二进制译码器输入的是二进制代码，输出的是一系列与输入代码对应的信息。若输入

有 n 个变量，则二进制译码器输出就有 2^n 个变量。

二—十进制译码器是将四位二—十进制代码翻译成一位十进制数字的电路，又称 4 线—10 线译码器。

下面以 74LS138 为例介绍 3 线—8 线集成译码器，图 5-21 是 74LS138 的引脚图。

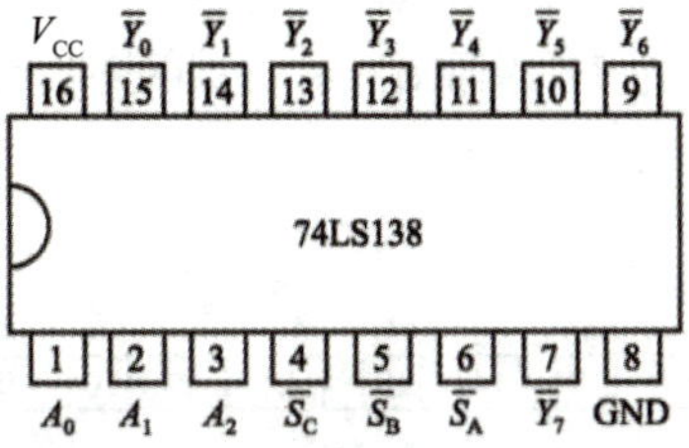

图 5-21　74LS138 引脚图

74LS138 是一种常用的 3 线—8 线译码器芯片。其引脚功能如下：地址输入端，引脚 1、2、3 为地址输入引脚，用于接收 3 位二进制编码的输入信号，以此来选择 8 个输出端中的一个输出低电平；使能端，引脚 6 为高电平使能端，当该引脚为高电平时，译码器才可能正常工作，引脚 4 和引脚 5 为低电平使能端，只有当这两个引脚为低电平时，译码器才可能正常工作；输出端，引脚 7~15 为 8 个输出引脚，在正常工作状态下，根据地址输入端的二进制编码，相应的输出引脚会输出低电平，其余输出引脚为高电平，并且输出端是低电平有效，即输出低电平表示有信号输出；电源引脚，引脚 16（V_{CC}）为电源正端，一般接 +5V 电源；引脚 8（GND）为电源地端。74LS138 译码器逻辑功能表如表 5-15 所示。

表 5-15　74LS138 译码器逻辑功能表

输入						输出							
S_A	$\overline{S}_B$	$\overline{S}_C$	A_2	A_1	A_0	$\overline{Y}_0$	$\overline{Y}_1$	$\overline{Y}_2$	$\overline{Y}_3$	$\overline{Y}_4$	$\overline{Y}_5$	$\overline{Y}_6$	$\overline{Y}_7$
×	1	×	×	×	×	1	1	1	1	1	1	1	1
×	×	1	×	×	×	1	1	1	1	1	1	1	1
0	×	×	×	×	×	1	1	1	1	1	1	1	1
1	0	0	0	0	0	0	1	1	1	1	1	1	1
1	0	0	0	0	1	1	0	1	1	1	1	1	1
1	0	0	0	1	0	1	1	0	1	1	1	1	1
1	0	0	0	1	1	1	1	1	0	1	1	1	1
1	0	0	1	0	0	1	1	1	1	0	1	1	1
1	0	0	1	0	1	1	1	1	1	1	0	1	1
1	0	0	1	1	0	1	1	1	1	1	1	0	1
1	0	0	1	1	1	1	1	1	1	1	1	1	0

S_A、$\overline{S}_B$、$\overline{S}_C$ 为三个使能控制端。由表 5-15 可看出，只有当 S_A =1、$\overline{S}_B$ =0、$\overline{S}_C$ =0 时，该

译码器才有有效状态信号输出，译码器处于译码工作状态，各输出状态由输入 A_2、A_1、A_0 决定；若三个使能控制端中有一个不满足上述条件，则译码器被封锁不工作，输出全为高电平。

二、集成二—十进制译码器

74LS42 二—十进制集成译码器外形和引脚排列如图 5-22 所示。图中 A_3、A_2、A_1、A_0 为 BCD 码的 4 个输入端，$\overline{Y_0}$ ~ $\overline{Y_9}$ 为 10 条输出线，分别对应十进制数的 0～9 十个数码，输出为低电平有效。

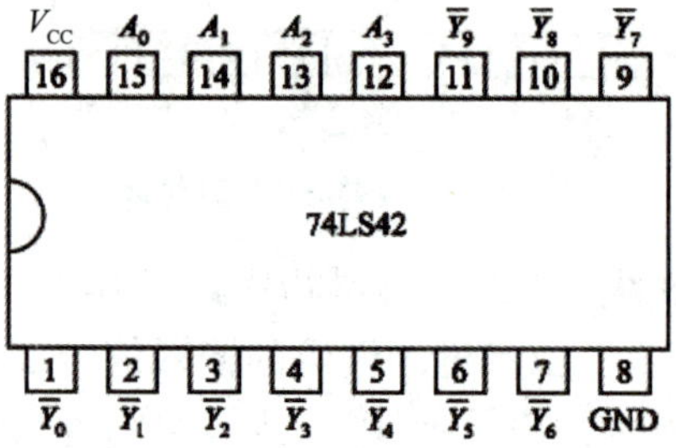

图 5-22　74LS42 引脚图

由于 4 位二进制输入有 16 种组合状态，72LS42 自动将其中 6 种状态识别为伪码，当输入为 1010～1111 六个超出 10 的无效状态时，10 个输出均为 1，译码器拒绝译出，如表 5-16 所示。

表 5-16　74LS42 二—十进制集成译码器真值表

输入				输出									
A_3	A_2	A_1	A_0	$\overline{Y_0}$	$\overline{Y_1}$	$\overline{Y_2}$	$\overline{Y_3}$	$\overline{Y_4}$	$\overline{Y_5}$	$\overline{Y_6}$	$\overline{Y_7}$	$\overline{Y_8}$	$\overline{Y_9}$
0	0	0	0	0	1	1	1	1	1	1	1	1	1
0	0	0	1	1	0	1	1	1	1	1	1	1	1
0	0	1	0	1	1	0	1	1	1	1	1	1	1
0	0	1	1	1	1	1	0	1	1	1	1	1	1
0	1	0	0	1	1	1	1	0	1	1	1	1	1
0	1	0	1	1	1	1	1	1	0	1	1	1	1
0	1	1	0	1	1	1	1	1	1	0	1	1	1
0	1	1	1	1	1	1	1	1	1	1	1	1	1
1	0	0	0	1	1	1	1	1	1	1	0	0	1
1	0	0	1	1	1	1	1	1	1	1	1	1	0
1	0	1	0	1	1	1	1	1	1	1	1	1	1
1	0	1	1	1	1	1	1	1	1	1	1	1	1
1	1	0	0	1	1	1	1	1	1	1	1	1	1
1	1	0	1	1	1	1	1	1	1	1	1	1	1
1	1	1	0	1	1	1	1	1	1	1	1	1	1
1	1	1	1	1	1	1	1	1	1	1	1	1	1

伪码

三、显示译码器

在生产生活中，常常要求把测量和运算处理的结果用十进制数字显示出来，以便人们查看结果。这一任务由数字显示电路实现。数字显示电路由译码器、驱动器和数码显示器件组成。通常，译码器和驱动器集成在一块芯片中，简称显示译码器。

1. 半导体数码显示管

7 段发光二极管组成 0~9 十个数字图形，如图 5-23 所示。

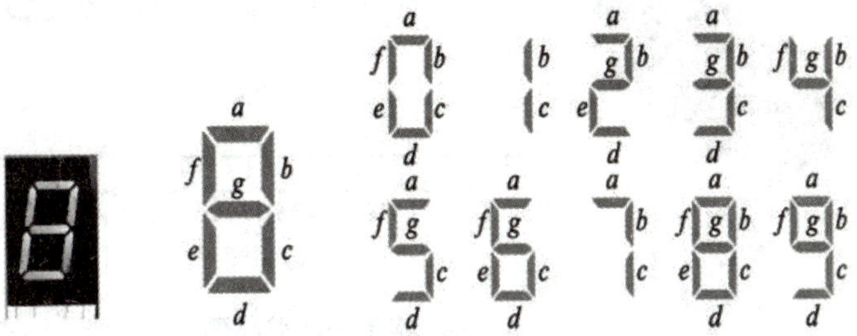

（a）实物图　（b）发光线段分布图　　（c）发光线段组成的数字图形

图 5-23　7 段发光二极管

（1）发光二极管的内部接法。

共阴极：输入高电平有效。共阴极半导体数码管型号主要有 BS201、BS207 等。共阴极接线图如图 5-24（a）所示。

共阳极：输入低电平有效。共阳极数码管型号主要有 BS204、BS206、BS211 等。共阳极接线图如图 5-24（b）所示。

（2）半导体显示器的优点。工作电压较低（1.5~3V）、体积小、寿命长、亮度高、响应速度快、工作可靠性高，可以由门电路直接驱动。

（3）半导体显示器的缺点。工作电流大，每个字段的工作电流约为 10 mA。

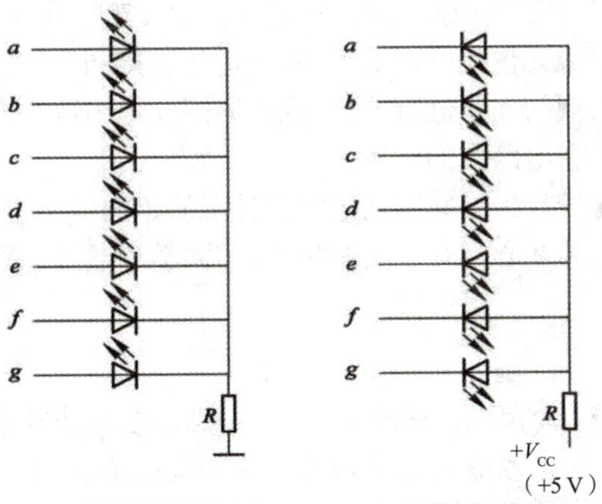

(a) 共阴极接线图　　**(b) 共阳极接线图**

图 5-24　数码管内部的发光二极管电路

2. 集成显示译码器

74LS48 外形和引脚如图 5-25 所示，输入、输出均为高电平有效。其有 3 个控制端：试灯输入端 $\overline{LT}$ 、灭灯输入端 $\overline{RBI}$ 、特殊控制端 $\overline{BI}$ / $\overline{RBO}$ ，可组合应用，形成不同的功能控制。

74LS47 的引脚排列和功能基本与其相同，区别在于输出为低电平有效，其真值表如表 5-17 所示。

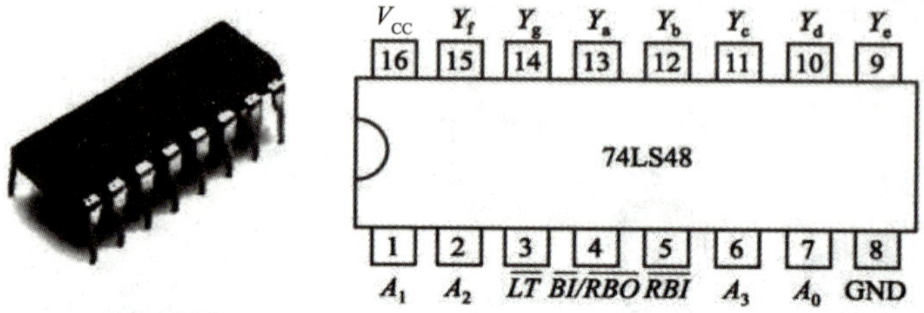

(a) 实物图　　(b) 引脚图

图 5-25　74LS48 实物图和引脚图

表 5-17　74LS47 的真值表

功能	输入						输入/输出	输出						
	$\overline{LT}$	$\overline{RBI}$	A_3	A_2	A_1	A_0	$\overline{BI}$ / $\overline{RBO}$	Y_a	Y_b	Y_c	Y_d	Y_e	Y_f	Y_g
灭灯	×	×	×	×	×	×	0	0	0	0	0	0	0	0
灭零	0	0	0	0	0	0	0	0	0	0	0	0	0	0
试灯	1	×	×	×	×	×	1	1	1	1	1	1	1	1

任务拓展

为了进一步巩固学生对数字电路的理解和应用能力，教师可以安排以下拓展任务。

（1）设计用不同的集成元件完成表决电路，并进行装接和调试。

（2）对调试过程中出现的问题进行分析，找出原因并提出解决方案。

（3）阐述各集成元件在电路中的作用。

（4）通过小组间的比较找出灵敏度高电路设计最简单的电路。

（5）将本次任务的经验和心得写成实验报告，与同学和老师分享。

拓展阅读

大国工匠之《感动中国》年度人物——谢军（摘自学习强国公众号）

颁奖词：滴答，滴答，中国在等待你的回答。你的夜晚更长，你的星星更多，你把时间无限细分，你让速度不断压缩。三年一腾飞，十年一跨越。当第五十五颗吉星升上太空，北斗，照亮中国人的梦。

2020 年 6 月，北斗三号全球卫星导航系统的最后一颗卫星发射成功，这代表着北斗全球卫星导航系统星座部署全面完成。北斗三号卫星研制中，谢军团队创造性地实现了卫星批量化生产，仅用 1 年零 14 天便将 19 颗导航卫星送入太空，创造了航天发射史的新纪录。

习题检测

一、填空题

1. 在时间上和数值上都连续变化的信号称为________，在时间上和数值上都离散的信号称为________。

2. 在数字电路中，最基本的逻辑关系是______、________和________。

3. 在数字电路中，最基本的逻辑门电路是________、________和________。

4. 具有“有 0 出 0，全 1 出 1”功能的逻辑门是__________________。

5. 具有“有 1 出 1，全 0 出 0”功能的逻辑门是___________________。

6. 具有“有 0 出 1，有 1 出 0”功能的逻辑门是___________________。

7. 与非门的逻辑功能是______________________。

8. 或非门的逻辑功能是______________________。

9. 异或门的逻辑功能是______________________。

10. 按内部所采用器件的不同，集成逻辑门电路分为________和________两大类。

11. CT4LS××CP，第一部分字母表示_________、第二部分字母 T 表示_________、第三部分是__________。

12. CC74HC××RP，第一部分字母 C 表示_________、第二部分字母 T 表示_________。

13. 组合逻辑电路是由__________门、__________门和__________门等几种门电路组合而成。它没有__________回路，它的输出直接由__________所决定。

14. 组合逻辑电路的特点是_____________________________。

15. 逻辑函数有许多种表示形式，常用的有__________、________、__________、________。

二、选择题

1. 逻辑函数式 DD，化简后的结果是(　　)。

A. $2D$　　B. D　　C. D^2　　D. 1

2. 在逻辑运算中，只有两个逻辑取值，它们是(　　)。

A. 0 V 和 5 V　　B. 正电位和负电位

C. 0 和 1　　D. 0 和 12 V

3. 下图所示逻辑图，其逻辑函数表达式正确的是(　　)。

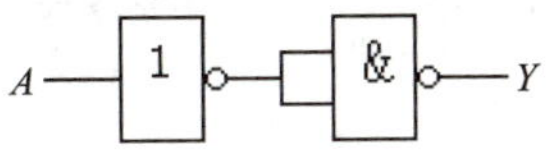

A. $Y=1$　　B. $Y=A$　　C. $Y=\overline{A}$　　D. $Y=0$

4. 逻辑函数式 $E+EF$，简化后的结果是(　　)。

A. E　　B. F　　C. EF　　D. $E+F$

5. 凡在数值上或时间上不连续变化的信号，例如只有高、低电平的矩形脉冲信号，称为

(　　)。

A. 模拟信号　　B. 数字信号　　C. 直流信号　　D. 交流信号

6. 逻辑函数式 $D+D$,简化后的结果是(　　)。

A. $2D$　　B. 1　　C. D^2　　D. D

7. 逻辑函数式 $F=ABC+\overline{A}+\overline{B}+\overline{C}$ 的逻辑值为(　　)。

A. ABC　　B. AB　　B. 0　　D. 1

8. 74LS147 是(　　)。

A. 译码器　　B. 寄存器　　B. 触发器　　D. 编码器

9. 74LS138 是(　　)。

A. 编码器　　B. 寄存器　　C. 触发器　　D. 译码器

10. 74LS48 是(　　)。

A. 编码器　　B. 寄存器　　C. 触发器　　D. 译码器

三、判断题

1. 组合逻辑电路根据需要可以加入反馈回路。(　　)

2. 根据最简表达式设计的逻辑电路是最佳的逻辑组合电路。(　　)

3. 组合逻辑门电路是一种具有记忆能力的电路,即输入状态消失后相应的输出状态不会随之消失。(　　)

4. 逻辑代数中的 0 和 1 是代表两种不同的逻辑状态,并不表示数值的大小。(　　)

5. 在数字电路中,高电平和低电平指的是一定的电压范围,并不是一个固定不变的数值。(　　)

四、简答题

1. 写出与门、或门、非门的逻辑符号,表达式以及逻辑功能。

2. 什么叫做与逻辑、或逻辑、非逻辑?

3. 写出与非门的逻辑符号和表达式。

4. 写出或非门的逻辑符号和表达式。

5. 什么是编码器?

6. 简述 74LS147 的逻辑功能。

7. 什么是优先编码器? 它与普通编码器相比较,主要优点是什么?

8. 什么是二进制代码?

9. 简述 74LS04 的作用。

10. 试阐述一下你在本次任务中用到了哪些知识,学到了哪些技能。

五、计算题

1. 将下列二进制数转换成十进制数。

(1)111001

(2)11011011

(3)10111100.1011

(4)1011

(5)1010010

2. 将下列十进制数转换成二进制数。

(1)25

(2)101

(3)1024

(4)14

(5)67

3. 将下列十进制数用 8421BCD 码表示。

(1)68

(2)259

(3)978

(4)555

(5)99

4. 将下列 8421BCD 码用十进制数表示。

(1)100111101010

(2)1000110111010000

(3)10000011

(4)01011101

学习情境 6
抢答器的制作与调试

抢答器(图 6-1)是各种抢答赛活动中不可缺少的设备。其功能是当主持人抛出问题后,选手根据自己的认知进行按键抢答,禁止其他稍慢的选手抢答。本模块利用触发器实现主持人开关清零、抢答者抢答,利用组合逻辑电路屏蔽稍慢选手的抢答,通过抢答者指示灯指示第一抢答者。触发器是数字电路中的基本元件,广泛应用于数字电路、计算机、通信、自动化等领域。在 CPU 中,电子触发器可用于存储计算结果、实现时序控制等功能。在通信领域中,电子触发器可用于解调、同步等。在本情境学习过程中,通过抢答器电路(图 6-2)的设计、制作,您将掌握触发器的类型特点、工作原理及应用,同时还可学习到与存储、锁存、寄存器、计数器电路的设计开发相关的基础知识。

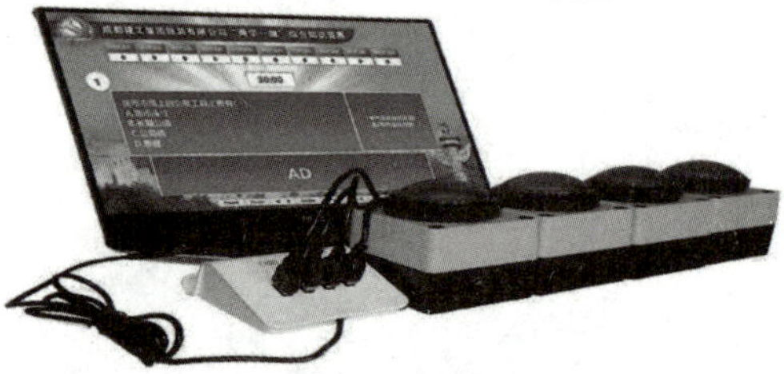

图 6-1　抢答器实物图

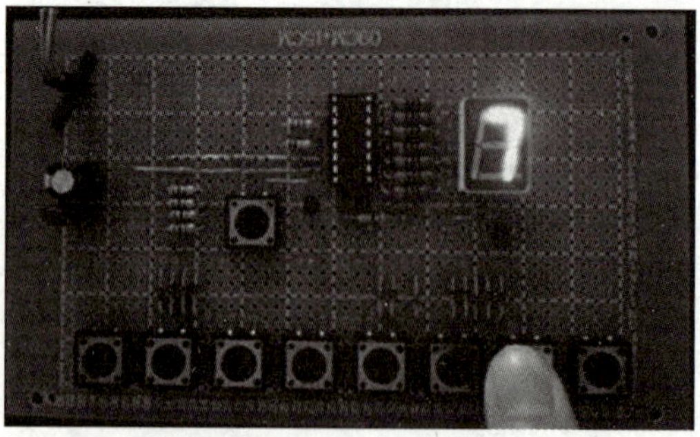

图 6-2　八路抢答器电路板

学习目标

【知识目标】

1. 掌握四人抢答器电路设计和元件选型的基本原理和方法；
2. 学会使用 Multism 软件仿真测试触发器的逻辑功能；
3. 掌握常用集成触发器的识别、检测与焊接技能；
4. 能够运用所学，选择适合的器件，设计制作出一个符合要求的抢答器。

【能力目标】

1. 能够判别电路器件的质量优劣；
2. 能够为抢答器电路选择合适的器件；
3. 能够使用 Multism 或高版本电路软件绘制模拟电路图；
4. 能够进行抢答器电路的正确安装及调试；
5. 能够判断并处理抢答器的常见故障。

【素养目标】

1. 通过任务分工，培养学生的责任担当意识、交流沟通能力及协作能力；
2. 通过以学生为主体的教学模式，培养学生自主学习、主动探究的习惯及能力；
3. 通过工作任务的达成，培养学生求真务实的工作态度、解决处理问题的方法和能力；
4. 严格按照工艺规程进行电路的安装与调试，培养学生规则意识；
5. 自觉保持、维护实训室卫生、环境安全，达到 5S 要求，培养学生的劳动意识；
6. 通过多元评价，促进学生的德智体美劳全面发展。

知识导图

抢答器电路知识导图如图 6-3 所示。

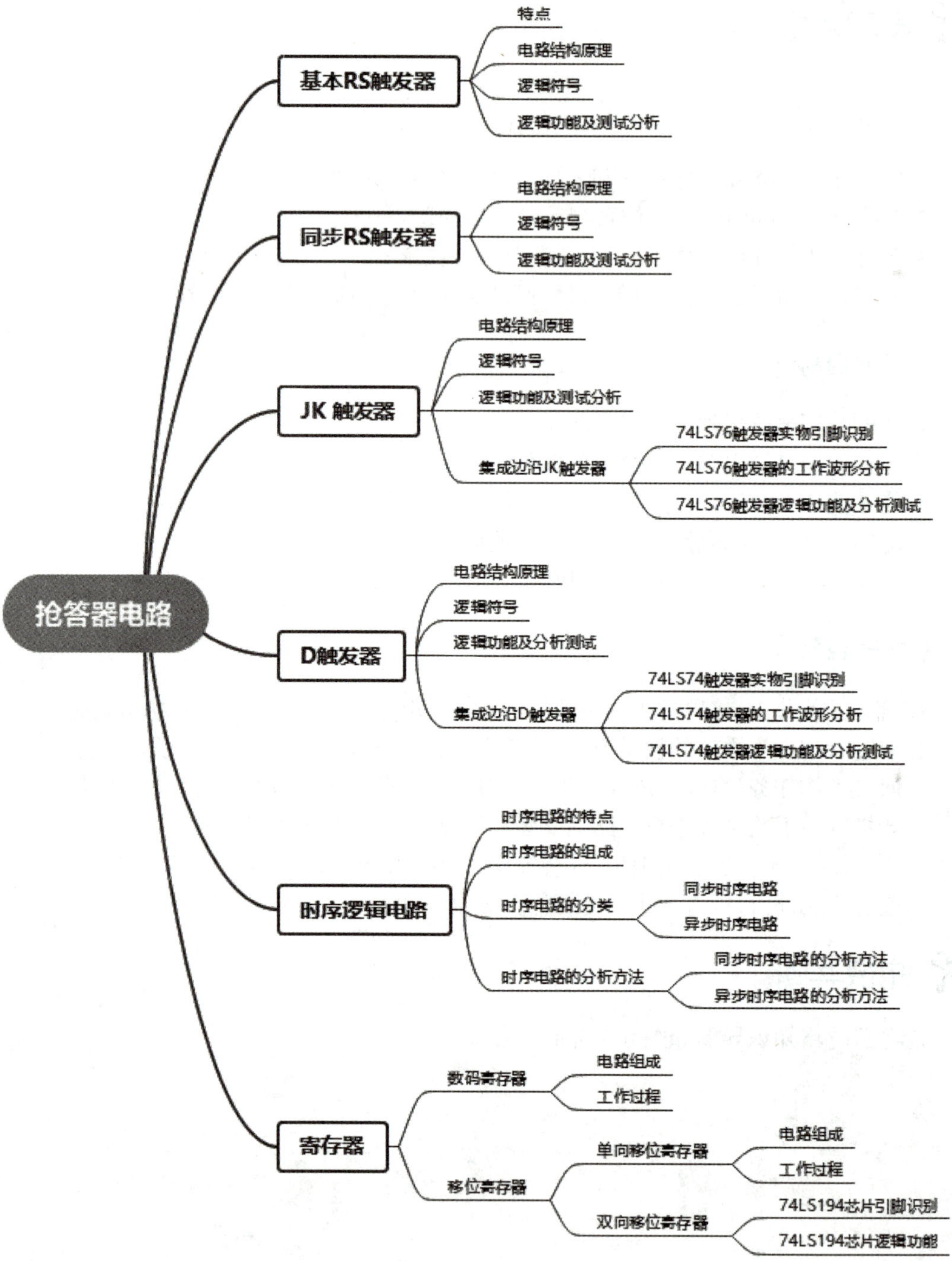
抢答器电路
基本RS触发器
特点
电路结构原理
逻辑符号
逻辑功能及测试分析
同步RS触发器
电路结构原理
逻辑符号
逻辑功能及测试分析
JK 触发器
电路结构原理
逻辑符号
逻辑功能及测试分析
集成边沿JK触发器
74LS76触发器实物引脚识别
74LS76触发器的工作波形分析
74LS76触发器逻辑功能及分析测试
D触发器
电路结构原理
逻辑符号
逻辑功能及分析测试
集成边沿D触发器
74LS74触发器实物引脚识别
74LS74触发器的工作波形分析
74LS74触发器逻辑功能及分析测试
时序逻辑电路
时序电路的特点
时序电路的组成
时序电路的分类
同步时序电路
异步时序电路
时序电路的分析方法
同步时序电路的分析方法
异步时序电路的分析方法
寄存器
数码寄存器
电路组成
工作过程
移位寄存器
单向移位寄存器
电路组成
工作过程
双向移位寄存器
74LS194芯片引脚识别
74LS194芯片逻辑功能

图 6-3　知识导图

任务书

任务书

<table>
<tr><td>专业班组</td><td></td><td>班　长</td><td></td><td>日　期</td><td></td></tr>
<tr><td colspan="6">学习任务：
近期学校要举办中国传统文化知识竞赛，需要一台抢答器。该抢答器具体功能是：主持人开关控制抢答器，清零即抢答开始，抢答者抢答的同时屏蔽稍慢抢答者，通过指示灯指出抢答成功者。现在请着手为竞赛设计制作一台抢答器吧</td></tr>
<tr><td colspan="6">检查意见：</td></tr>
<tr><td colspan="6">签章：</td></tr>
</table>

任务分组

学生任务分配表

<table>
<tr><td>组　长</td><td colspan="4">职　　责</td></tr>
<tr><td></td><td colspan="4"></td></tr>
<tr><td rowspan="6">组　员</td><td>姓　名</td><td>任　务</td><td>姓　名</td><td>任　务</td></tr>
<tr><td></td><td></td><td></td><td></td></tr>
<tr><td></td><td></td><td></td><td></td></tr>
<tr><td></td><td></td><td></td><td></td></tr>
<tr><td></td><td></td><td></td><td></td></tr>
<tr><td></td><td></td><td></td><td></td></tr>
</table>

获取信息

引导问题 1：触发器是组成时序逻辑电路的基本单元电路，它的主要功能有：__________

____

引导问题 2：触发器有两个互补的输出端______和______。

引导问题 3：触发器有两个稳定状态：通常将 Q=1 和 $\bar{Q}$=0 称为_____状态；而把 Q=0 和 $\bar{Q}$=1 称为______状态。

引导问题 4：触发器输入信号不发生变化时，触发器状态______。

引导问题 5：在____________作用下，触发器可以从一个稳定状态转移到另一个稳定状态。

引导问题 6：触发器的类型有____。

引导问题 7：*RS* 触发器的逻辑功能取决于____________的状态。

引导问题 8：*D* 触发器也称为______触发器，*D* 触发器具有输入端________，时钟控制端 *CLK* 和输出端 Q。

引导问题 9：当 *D* 触发器 *CLK* 时钟的边沿到来时，*D* 端的值被送入 Q 端，其他时刻，*D* 端的数据可以变化，但是 Q 的值______________。

引导问题 10：*JK* 触发器是一种带有激活和禁止功能的触发器，实际由 *RS* 触发器演变而来，只不过 *RS* 触发器不能____________，而 *JK* 是可以的。

引导问题 11：*JK* 触发器由两个输入端________和________、时钟控制端 *CLK*，以及输出端________和________组成。

引导问题 12：*JK* 触发器当 J=1 且 K=0 时，Q=________；当 J=0 且 K=1 时，Q=_____；当 J=K=1 时，Q______；当 J=K=0 时，Q__________。

引导问题 13：*JK* 触发器可以实现______、计数器、移位寄存器等电路。

引导问题 14：*T* 触发器也称为______触发器，它有一个输入端 *T*、时钟控制端 *CLK* 和一个输出端 Q。

引导问题 15：*T* 触发器当 T=1 且 *CLK* 边沿到来时，Q_____；当 T=0 时，Q 的值不变。常用于频率分割器、__________、随机数发生器等电路。

工作计划

1. 制定工作方案，填写如下。

(　　　　　)工作方案

步骤	工作内容	负责人
1		
2		
3		
4		
5		
6		
7		

2. 阐述抢答器电路的设计方案。

3. 在下表中列出仪表、工具、耗材和器件清单。

仪表、工具、耗材和器件清单

序号	名称	型号与规格	单位	数量	备注

4. 画出四人抢答器的电路图、器件布置图及接线图。

进行决策

1. 各组派代表阐述设计方案。

2. 各组对其他组的设计方案提出自己不同的看法并记录。

3. 教师结合大家完成的情况进行点评，选出最佳方案。

工作实施

（1）先对抢答器电路原理图进行仿真操作（扫描二维码观看仿真过程），完成后进行截屏、录屏、后上交作品。

抢答器电路的原理　　抢答器电路的仿真　　抢答器电路的焊接与调试

（2）按照本组制定的计划（最佳方案）实施四人抢答器电路的安装。

①领取元器件及材料。

元器件及材料列表

序号	器件名称	数量	序号	器件名称	数量

②检查元器件。

引导问题 1：双列直插封装（Dual In-line Package，DIP）封装或 DIP 包装，是一种集成电路的封装方式。当元件的识别缺口朝上时，____侧最上方的引脚为引脚 1，其他引脚则以____时针的顺序依序编号。有时引脚识别标记也会以圆点作为标识。

引导问题 2:集成电路检测方法有＿＿＿＿＿＿＿、＿＿＿＿＿＿＿、＿＿＿＿＿＿。本项目采用＿＿＿＿＿＿检测方法。理由是＿＿＿＿＿＿＿＿＿＿＿＿＿＿＿＿＿＿。

引导问题 3:电阻元器件的识别方法有＿＿＿＿＿、＿＿＿＿＿、＿＿＿＿＿和＿＿＿＿＿＿＿＿＿＿＿＿。本项目中电阻的识别采用＿＿＿＿＿＿＿＿方法。电阻质量检测采用的方法是＿＿＿＿＿＿＿。

引导问题 4:指示元件发光二极管的极性判别,目测电极大的一侧是＿＿＿＿＿极。长的引脚是＿＿＿＿＿极。用指针式万用表进行检测的操作方法是＿＿＿。

③按最佳方案安装元器件。元器件在电路板上的安装顺序是:＿＿＿安装较小功率的卧式电子元器件,＿＿安装立式电子元器件、大功率卧式电子元器件、可变电子元器件及易损坏的电子元器件,＿＿安装带散热器的电子元器件和特殊电子元器件,即按照先＿＿后＿＿、＿＿＿里＿＿＿外、＿＿＿低＿＿＿高的原则进行安装。

④阐述本电路的器件安装方案。

＿＿

＿＿

＿＿

＿＿

⑤根据工艺要求确定最佳布线方案。

⑥根据电气元件选配安装工具和控制板,填入下表。

安装工具

序号	工具名称	用 途

⑦根据绘制的元器件布置图和接线图,在控制板上安装元件。

⑧安装连接导线。

引导问题 1:所用安装导线的类型有______________。

引导问题 2:普通连接导线的加工包括导线的________和__________的处理,有的还需印标记。对于裸导线,只要按________要求的长度截断即可。对于有绝缘层的导线,其加工分为以下过程:________、_________、__________、_________________、清洗和印标记。

⑨连接电源。

引导问题:通电前应做的检查有_______________、______________、______________。通电后检查的步骤是________________、______________、______________。

⑩自检。

引导问题:电子产品检验工作应执行三级检验制:_________________、__________________、______________。

⑪ 交验。

⑫ 通电调试。

引导问题 1:电子产品生产阶段调试工作大致有____________、__________、_________、_________、____________。

引导问题 2:调试工作的一般程序是:__________、___________、___________、____________、____________、___________。

评价反馈

各组代表展示作品,介绍任务的完成过程。作品展示前准备阐述资料,填写阐述项目表,并完成下列评价表。

学生自评表

任　务	完成情况记录
任务是否按计划时间完成	
相关理论完成情况	
技能训练情况	
任务完成情况	
任务创新情况	
材料上交情况	
收　获	

学生互评表

序号	评价项目	小组互评	教师评价	总评
1	任务是否按时完成			
2	材料完成上交情况			
3	作品质量			
4	语言表达能力			
5	小组成员合作面貌			
6	创新点			

教师评价表

序号	评价项目	自我评价	互相评价	教师评价	综合评价
1	学习准备				
2	引导问题填写				
3	规范操作				
4	完成质量				
5	关键操作要领掌握				
6	完成速度				
7	5S 管理、环保节能				
8	参与讨论主动性				
9	沟通协作				
10	展示汇报				

注:评价等级统一采用 A(优秀)、B(良好)、C(合格)、D(努力)四级。

学习情境的相关知识点

知识点 1:基本 *RS* 触发器

基本 *RS* 触发器

一、触发器特点

(1)具有两个稳定的输出状态:0 状态和 1 状态。

(2)在输入信号作用下,触发器状态可以置成 0 态或 1 态。

(3)在输入信号消失后,触发器将保持信号消失前的状态,即具有记忆功能。

二、基本 *RS* 触发器

基本 *RS* 触发器是各种触发器中最简单的一种,是构成其他触发器的基本单元。电路结构可由“与非门”构成,或由“或非门”构成,下面讨论由与非门构成的基本 *RS* 触发器。

1. 电路结构和逻辑符号

基本 *RS* 触发器的逻辑图和逻辑符号如图 6-4 所示。

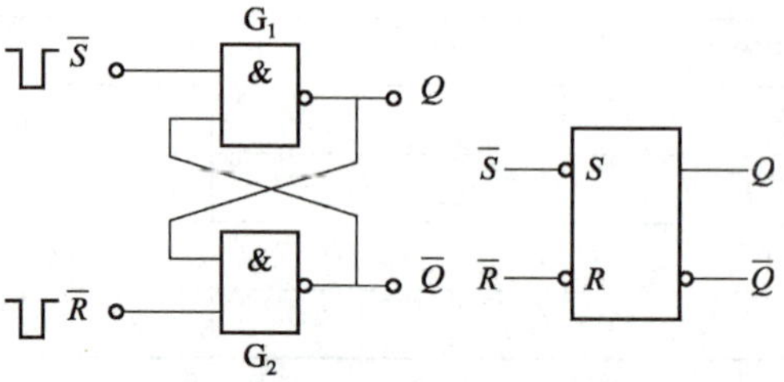

(a) 逻辑图　　(b) 逻辑符号

图 6-4　基本 *RS* 触发器的逻辑图和符号

$\overline{R}$、$\overline{S}$ 是两个输入端，字母上面的非号表示低电平有效；Q、$\overline{Q}$ 是一对互补输出端，若 Q=1($\overline{Q}$ =0)，触发器处于 1 状态，反之，若 Q=0($\overline{Q}$ =1)，触发器为 0 状态。

2. 逻辑功能分析

基本 *RS* 触发器的真值表如表 6-1 所示。

表 6-1　基本 *RS* 触发器的真值表

输入信号		输出状态	功能说明	备注
$\overline{S}$	$\overline{R}$	Q^{n+1}		
0	0	不定	禁止	$Q=\overline{Q}$ =1，与规定相背，会引起逻辑混乱
0	1	1	置 1	$\overline{R}$ 端称为触发器的置 0 端或复位端
1	0	0	置 0	$\overline{S}$ 端称为触发器的置 1 端或置位端
1	1	Q^{n}	保持	体现记忆功能

3. 基本 *RS* 触发器的特点和用途

基本 *RS* 触发器的电路结构简单，是构成其他功能触发器必不可少的部分。它具有置 1、置 0、保持三种功能。

基本 *RS* 触发器可用作数码寄存器、消抖动开关、单次脉冲发生器或脉冲变换电路等。

4. 基本 *RS* 触发器的逻辑功能测试

基本 *RS* 触发器的逻辑功能测试参考电路如图 6-5 所示。

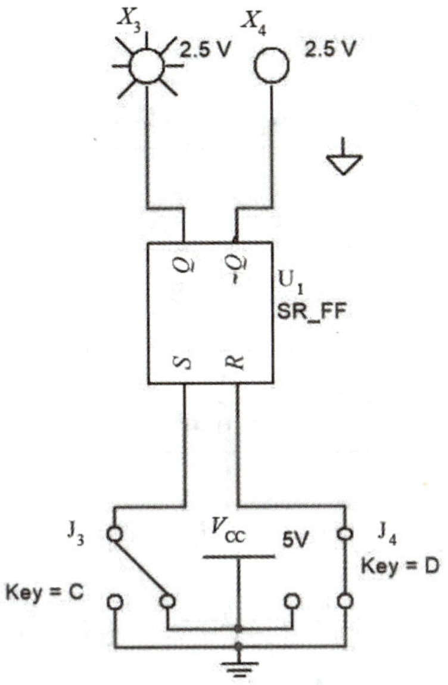

图 6-5　基本 *RS* 触发器的逻辑功能测试参考电路

知识点 2:同步 *RS* 触发器

同步 *RS* 触发器

在数字系统中,为了协调各部分的工作状态,需要由时钟 *CP* 来控制触发器按一定的节拍同步动作。由时钟脉冲控制的触发器称为时钟触发器。时钟触发器可分为同步触发器、主从触发器和边沿触发器。这里我们只讨论同步 *RS* 触发器。

一、电路结构和逻辑符号

同步 *RS* 触发器在基本 *RS* 触发器的基础上,增加了两个与非门 G_3、G_4,一个时钟脉冲端 *CP*。其电路结构与逻辑符号如图 6-6 所示。

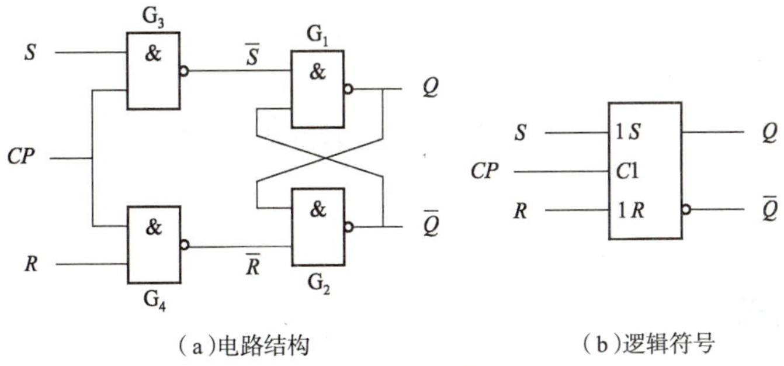

图 6-6　同步 *RS* 触发器逻辑电路和符号

二、逻辑功能

同步 *RS* 触发器的真值表如表 6-2 所示。

表 6-2　同步 *RS* 触发器的真值表

CP	*S*	*R*	Q^{n+1}	功能说明
0	×	×	Q^n	保持
1	0	0	Q^n	保持
1	0	1	0	置 0
1	1	0	1	置 1
1	1	1	不定	禁止

（1）在 *CP*=0 期间，G_3、G_4 与非门被 *CP* 端的低电平关闭，基本 *RS* 触发器的 $\overline{S}=\overline{R}=1$，触发器保持原来状态不变。

（2）在 *CP*=1 期间，G_3、G_4 控制门开门，触发器输出状态由输入端 *R*、*S* 信号决定，*R*、*S* 输入高电平有效。触发器具有置 0、置 1、保持的逻辑功能。

同步 *RS* 触发器在 *CP*=0 时，触发器输出状态不受 *R*、*S* 的直接控制，从而提高了触发器的抗干扰能力。

三、同步 *RS* 触发器的逻辑功能测试

同步 *RS* 触发器的逻辑功能测试参考电路如图 6-7 所示。

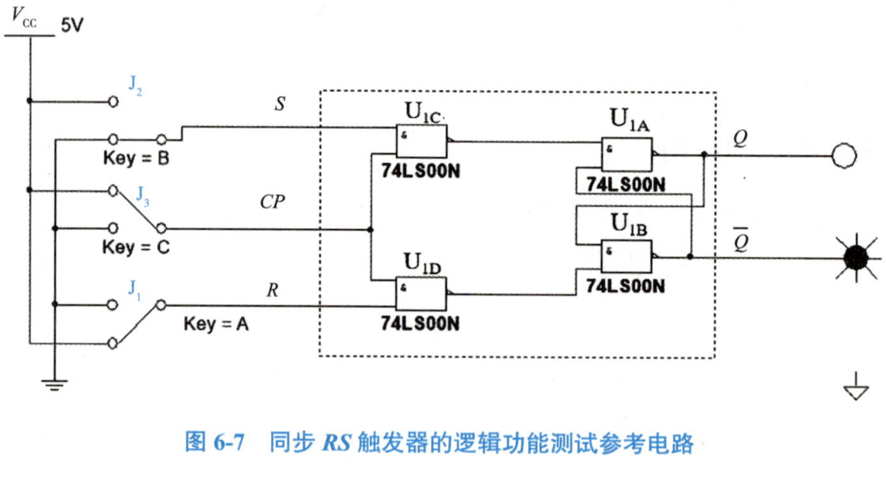

图 6-7　同步 *RS* 触发器的逻辑功能测试参考电路

知识点 3：*JK* 触发器

一、*JK* 触发器特点

JK 触发器

边沿触发是指利用与非门之间的传输延长时间来实现边沿控制，使触发器在 *CP* 脉冲的上升沿（或下降沿）的瞬间，根据输入信号的状态产生触

发器新的输出状态。而在 $CP=1$（或 $CP=0$）期间输入信号对触发器的状态均无影响。

二、*JK* 触发器

1. 电路结构与逻辑符号

JK 触发器电路结构与逻辑符号如图 6-8 所示。

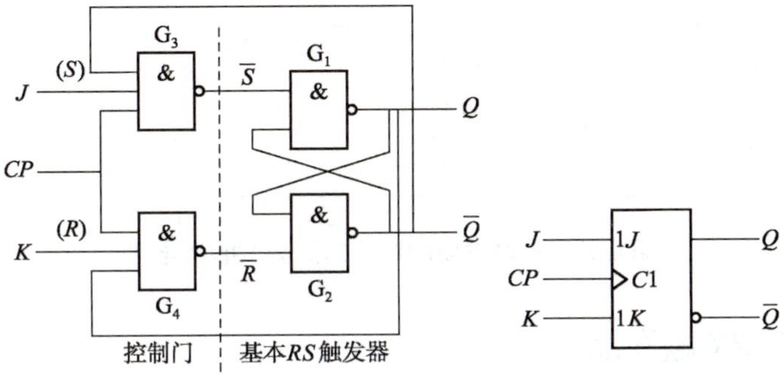

(a) 电路结构　　(b) 逻辑符号

图 6-8　*JK* 触发器电路结构和逻辑符号

JK 触发器是在同步 *RS* 触发器的基础上引入两条反馈线，将 *S*、*R* 改成 *J*、*K* 输入端，解决 $R=S=1$ 时，触发器输出状态不定的问题。

2. 逻辑功能

JK 触发器不仅可以避免不确定状态，而且增加了触发器的逻辑功能，其真值表如表 6-3 所示。

表 6-3　*JK* 触发器的真值表

CP	J	K	Q^{n+1}	功能说明
0	×	×	Q^n	保持
1	0	0	Q^n	保持
1	0	1	0	置 0
1	1	0	1	置 1
1	1	1	$\overline{Q_n}$	翻转

$J=K=0$ 时，$Q^{n+1}=Q^n$（保持）；$J=K=1$ 时，$Q^{n+1}=\overline{Q^n}$（翻转）；$J\neq K$ 时，$Q^{n+1}=J$。

JK 触发器不仅可以避免不确定状态，而且增加了触发器的翻转功能（又称为计数功能）：当 $J=1$、$K=1$ 时，触发器的输出总是与原状态相反，$Q^{n+1}=\overline{Q^n}$。

3. *JK* 触发器的逻辑功能测试

JK 触发器的逻辑功能测试参考电路如图 6-9 所示。

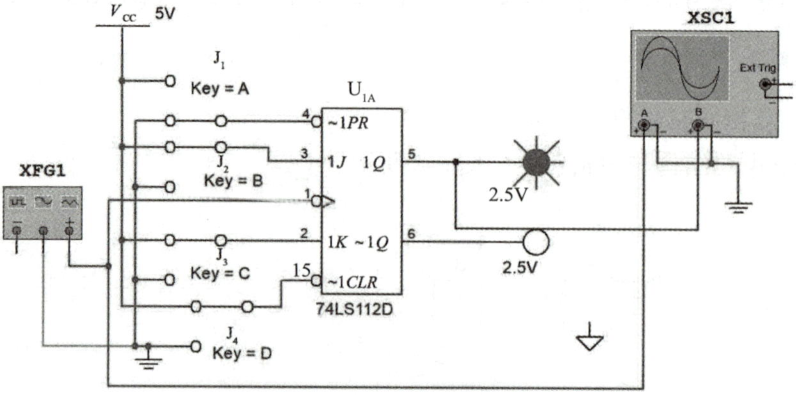

图 6-9　*JK* 触发器的逻辑功能测试参考电路

三、集成边沿 *JK* 触发器

实际应用中，多采用集成边沿 *JK* 触发器。集成边沿 *JK* 触发器的产品很多，可查阅数字集成电路手册。下面介绍集成边沿 *JK* 触发器 74LS76。

1. 引脚排列和符号

74LS76 是下降沿触发的有预置和清零功能的双 *JK* 触发器，其引脚如图 6-10 所示，其工作波形和逻辑符号如图 6-11 所示。

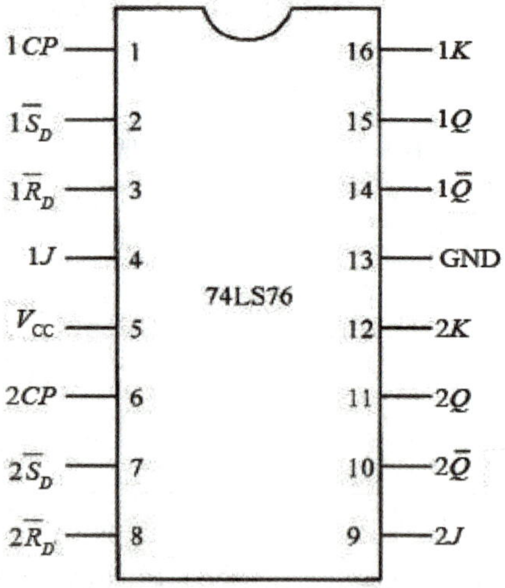

图 6-10　74LS76 引脚图

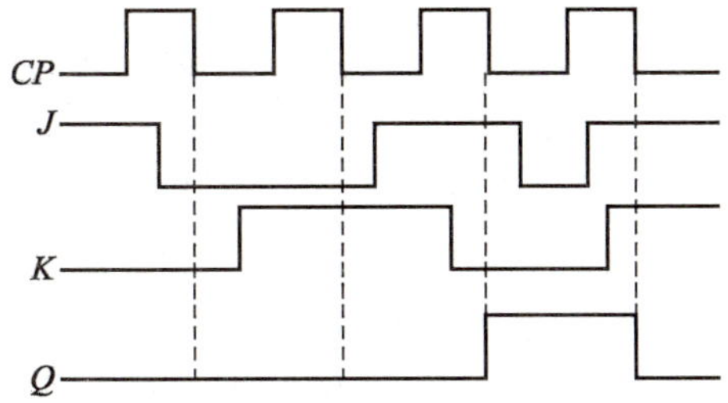

(a) 工作波形

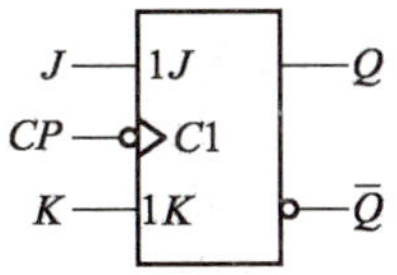

(b) 逻辑符号

图 6-11　74LS76 工作波形和逻辑符号

2. 逻辑功能

由表 6-4 可知，74LS76 双 *JK* 触发器中的两个单元电路都是靠 *CP* 下降沿触发的边沿 *JK* 触发器。

（1）当 $\overline{R_D}=0$，$\overline{S_D}=1$ 时，不论 *CP*、*J*、*K* 如何变化，触发器的输出为零，即触发器为“0”态。由于清零与 *CP* 脉冲无关，所以称为异步清零。

（2）当 $\overline{R_D}=1$，$\overline{S_D}=0$ 时，不论 *CP*、*J*、*K* 如何变化，触发器可实现异步置数，即触发器处于“1”态。

（3）当 $\overline{R_D}=1$，$\overline{S_D}=1$ 时，只有在 *CP* 脉冲下降沿到来时，根据 *J*、*K* 端的取值决定。

触发器的状态，如无 *CP* 脉冲下降沿到来，无论有无输入数据信号，触发器都保持原状态不变。

表 6-4　74LS76 双 *JK* 触发器的逻辑功能表

输入					输出	
$\overline{R_D}$	$\overline{S_D}$	CP	J	K	Q^{n+1}	$\overline{Q^{n+1}}$
1	0	×	×	×	1	0
0	1	×	×	×	0	1
0	0	×	×	×	不稳定	不稳定
1	1	↓	0	0	Q^n	$\overline{Q^n}$
1	1	↓	1	0	1	0
1	1	↓	0	1	0	1
1	1	↓	1	1	$\overline{Q^n}$	Q^n
1	1	1	×	×	Q^n	$\overline{Q^n}$

知识点 4:*D* 触发器

一、电路结构和逻辑符号

如图 6-12 所示,在同步 *RS* 触发器的基础上,把与非门 G_3 的输出 $\overline{S}$ 接到与非门 G_4 的 *R* 输入端,使 $R=\overline{S}$,从而避免了 $\overline{S}=\overline{R}=0$ 的情况,并将 *S* 改为 *D* 输入,即为 *D* 触发器。

D 触发器

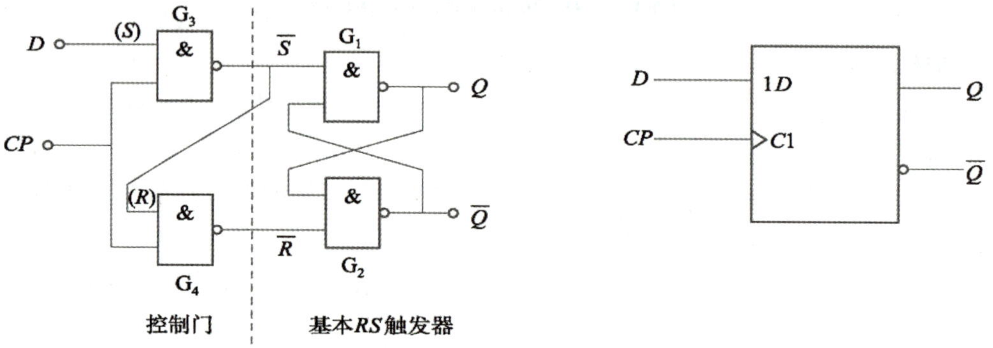

(a) 电路结构　　(b) 逻辑符号

图 6-12　*D* 触发器电路结构和逻辑符号

二、逻辑功能

D 触发器只有一个输入端,消除了输出的不定状态。*D* 触发器具有置 0、置 1 的逻辑功能,如表 6-5 所示。

表 6-5　触发器的真值表

CP	*D*	Q^{n+1}	功能说明
0	×	Q^n	保持
1	0	0	置 0
1	1	1	置 1

D 触发器的逻辑功能可归纳为:$CP=0$ 时,$Q^{n+1}=Q^n$(保持);

$CP=1$ 时,$Q^{n+1}=D$,触发器的输出随 *D* 的变化而变化。图 6-13 所示波形说明了这一特点。

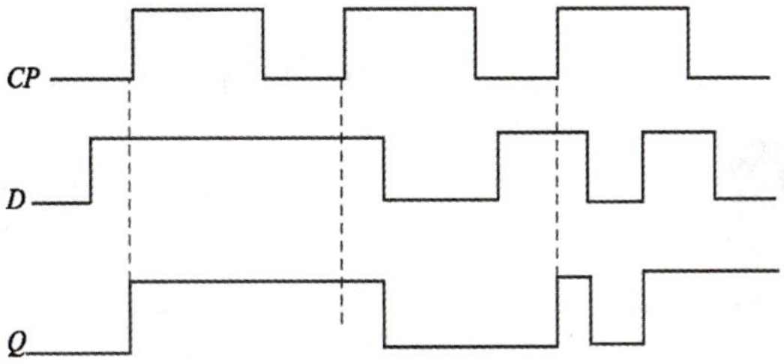

图 6-13　D 触发器的工作波形

从 6-13 图中不难看出，在第 3 个 CP 脉冲作用期间，由于 D 的变化使触发器的状态变化了多次，存在着空翻现象，使 CP 脉冲失去了同步的意义。因此在实际应用中，常使用边沿 D 触发器。

三、D 触发器的逻辑功能测试

D 触发器的逻辑功能测试参考电路如图 6-14 所示。

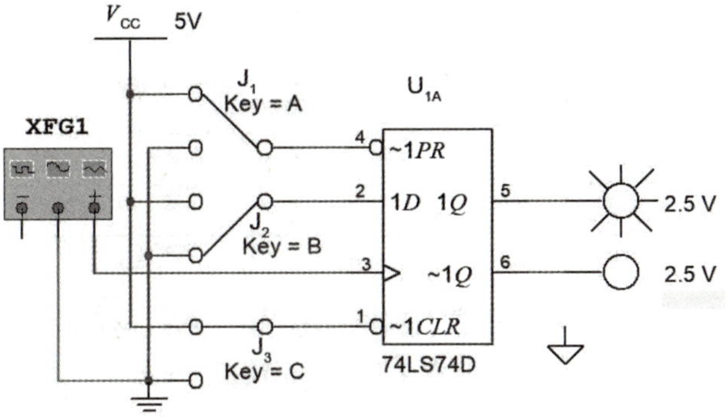

图 6-14　D 触发器的逻辑功能测试参考电路

四、集成边沿 D 触发器

边沿 D 触发器常采用集成电路。集成边沿 D 触发器的规格品种很多，可查阅数字集成电路手册，下面我们以芯片 74LS74 为例来进行学习。

1. 74LS74 的引脚排列和逻辑符号

74LS74 为双上升沿 D 触发器，CP 为时钟输入端；D 为数据输入端；Q、$\overline{Q}$ 为互补输出端；$\overline{R}_D$ 为直接复位端，低电平有效；$\overline{S}_D$ 为直接置位端，低电平有效；$\overline{R}_D$ 和 $\overline{S}_D$ 用来设置初始状态。其实物图、引脚图、逻辑符号如图 6-15 所示。

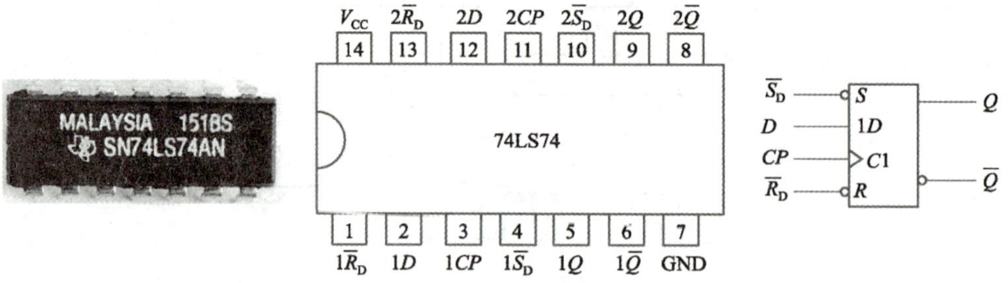

(a) 实物图　(b) 引脚排列图　(c) 逻辑符号

图 6-15　74LS74 的实物图、引脚排列图、逻辑符号

2. 逻辑功能

74LS74 真值表如表 6-6 所示。

表 6-6　74LS74 真值表

输入				输出	逻辑功能
$\overline{R_D}$	$\overline{S_D}$	CP	D	Q^{n+1}	
0	1	×	×	0	设置初态
1	0	×	×	1	
1	1	↑	0	1	置 0
1	1	↑	0	0	置 1

由表 6-6 可知，$\overline{R_D}$ 、$\overline{S_D}$ 常用作设置触发器的初态。集成 D 触发器的逻辑功能与前面介绍的 D 触发器基本一样，不同的是它只在 CP 上升沿时工作。

知识点 5:时序逻辑电路

一、时序逻辑电路的概述

1. 时序逻辑电路的特点

时序逻辑电路简称时序电路，是一种重要的数字逻辑电路，它与组合逻辑电路的功能特点不同。时序逻辑电路的功能特点是：电路的输出状态不仅与该时刻的输入状态有关，而且与电路的原有状态有关。触发器是一种功能最简单的时序逻辑电路。

2. 时序逻辑电路的组成

时序逻辑电路由组合逻辑电路和存储电路两部分组成，如图 6-16 所示是时序逻辑电路的组成框图。

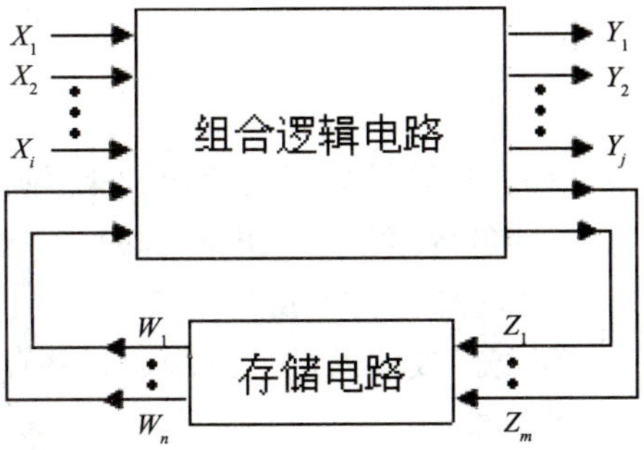

图 6-16　时序逻辑电路的组成框图

图中，$X_1, X_2, \cdots, X_i$ 代表外输入逻辑变量；$Y_1, Y_2, \cdots, Y_j$ 代表时序逻辑电路的输出变量；$Z_1, Z_2, \cdots, Z_m$ 代表存储电路的输入变量；$W_1, W_2, \cdots, W_n$ 代表存储电路的输出变量。它们是组合逻辑电路的部分输入变量。

存储电路通常由触发器组成，其状态必须反馈到组合逻辑电路的输入端，与输入信号共同决定组合逻辑电路的输出。而组合逻辑电路的输出也必须至少有一条反馈到存储电路的输入端，以便决定下一时刻存储电路的状态。

3. 时序逻辑电路的分类

时序逻辑电路的分类有很多种，但按照其存储电路中各触发器是否由统一时钟控制，主要分为同步时序电路和异步时序电路两大类。

（1）同步时序电路。时序电路中存储电路各触发器状态的更新是在同一时钟脉冲的特定时刻（如上升沿或下降沿）同步进行的，这样的时序电路就被称为同步时序电路。

（2）异步时序电路。时序电路中存储电路各触发器的状态更新不受时序脉冲的统一控制，而是在不同时刻分别进行的，或者没有时序脉冲，这样的时序电路就被称为异步时序电路。

二、时序逻辑电路的分析方法

1. 同步时序逻辑电路的分析方法

（1）根据电路图写出各触发器的驱动方程，即外部激励信号的逻辑表达式。

（2）根据复位和置位信号的状态确定各触发器的初始状态。

（3）从初始状态开始，根据各个触发器的现态和驱动方程计算 J、K 的值（JK 触发器）或 D 的值（D 触发器），据此决定触发器的次态，并将分析结果填入状态表中。重复这一过程，一直分析到恢复初始状态为止。

（4）根据状态表判断电路的逻辑功能，画出波形图。

2. 异步时序逻辑电路的分析方法

异步时序逻辑电路与同步逻辑电路不同的是：触发器的状态是否翻转；除了要考虑驱动方程外，还必须考虑时钟脉冲输入端的触发脉冲是否出现。

知识点 6:寄存器

在数字电路中,常需要将数据或运算结果暂时存放起来,能够暂时存放二进制数据的电路称为寄存器。它由具有记忆功能的触发器和门电路构成。一个触发器只有 0 和 1 两个状态,只能存储一位二进制码,n 个触发器可以构成能存储 n 位二进制数码的寄存器。

在时钟脉冲 CP 控制下,寄存器接收输入的二进制数码并存储起来。按功能的不同,寄存器可分为数码寄存器和移位寄存器。

一、数码寄存器

数码寄存器具有接收、存储和清除的功能。

数码寄存器

1. 电路组成

图 6-17 所示是一个由基本 RS 触发器和门电路构成的 4 位数码寄存器的逻辑电路图。4 个 RS 触发器的复位端连接在一起,作为寄存器的清零端 $\overline{CR}$,$D_3 \sim D_0$ 为寄存器的数据输入端,$Q_3 \sim Q_0$ 是数据的输出端。

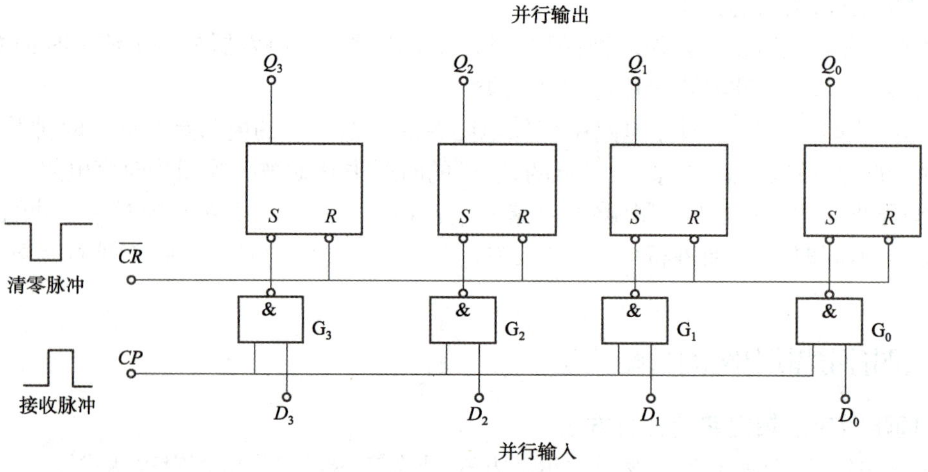

图 6-17　基本 RS 触发器和门电路构成的数码寄存器

2. 工作过程

寄存器的工作过程分两步进行。

(1)寄存前清零。在接收数据前先在复位端加一个负脉冲(清零脉冲),把所有触发器置 0,清零脉冲恢复高电平后,为接收数据做好准备。

(2)接收脉冲控制数据寄存。接收脉冲 CP(正脉冲)到来,将 G_0~G_3 打开,接收输入数码 $D_3D_2D_1D_0$。例如,若 $D_3D_2D_1D_0=1101$,则与非门 G_3、G_2、G_1、G_0 输出为 0010,各触发器被置成 1101,即 $Q_3Q_2Q_1Q_0=1101$,完成接收和寄存工作。

可以看出,上述寄存器在工作时,同时输入各位数码 $D_3D_2D_1D_0$,并同时输出各位数码

$Q_3Q_2Q_1Q_0$，这种数码输入、输出方式称为并行输入、并行输出方式。

数码寄存器的优点是存储时间短，速度快，可用来当高速缓冲存储器。其缺点是一旦停电后，所存储的数码便全部丢失。因此数码寄存器通常用于暂存工作过程中的数据和信息，不能作为永久的存储器使用。

二、移位寄存器

移位寄存器

移位寄存器不仅能寄存数码，还具有移位功能。移位是指在移位脉冲的控制下，触发器向左或向右的相邻位一次转移数码的处理方式。在数字电路中进行二进制加法、乘法和除法等运算时，都需要移位这种逻辑功能。移位寄存器还可以用来实现数据的串行—并行转换。移位寄存器分为单向移位寄存器和双向移位寄存器两大类。

1. 单向移位寄存器

1）电路组成

图 6-18 所示为由 *JK* 触发器构成的 4 位单向右移寄存器。图中各触发器的 *J*、*K* 端均与相邻低位触发器的 Q、$\bar{Q}$ 端连接，左边最低位的 *JK* 触发器 FF_0 的 *K* 端串接一个非门后再与 *J* 端相连，作为接收外来数据的输入端，各个 *JK* 触发器的 *J* 与 *K* 端总是处于相反状态，使 *JK* 触发器只具有置 0 和置 1 的置数功能。移位控制信号同时加到各触发器的 *CP* 端。

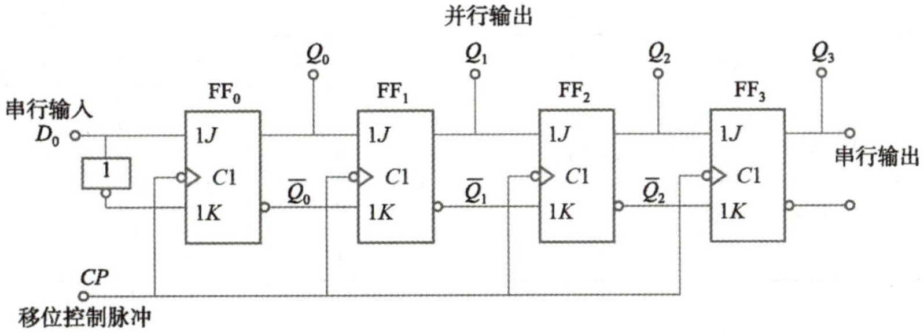

图 6-18　*JK* 触发器构成的 4 位右移寄存器

2）工作过程

在 *CP* 下降沿作用下，待存数码送到 FF_0，其他各触发器的状态与 *CP* 作用前一瞬间低一位触发器的状态相同，即寄存器中的原有数码依次右移 1 位。下面以存入数码 1011 为例，分析 4 位右移寄存器的工作过程，如图 6-19 所示。

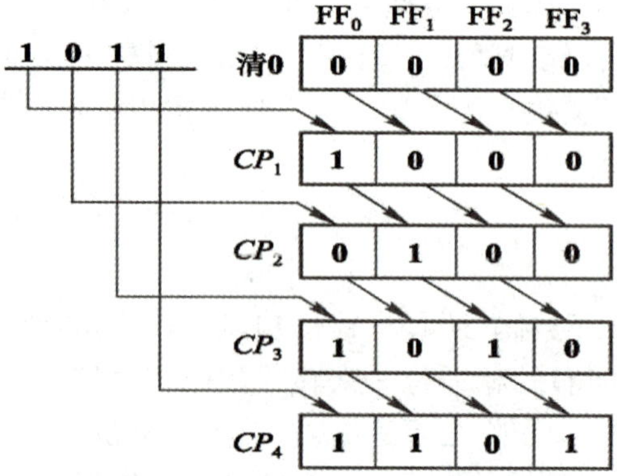

图 6-19　右移寄存器工作过程示意图

要寄存的数码 $D_3D_2D_1D_0=1011$，一般先对寄存器清零，然后将被存放数码从高位到低位按移位脉冲节拍依次送到 D_0 端(称串行输入方式)。当第一个 CP 上升沿到来时，$D_0=1$，则 $Q_3Q_2Q_1Q_0=0001$；当第二个 CP 上升沿到来时，$D_0=0$，则 $Q_3Q_2Q_1Q_0=0010$，经过 4 个 CP 脉冲后，寄存器状态为 $Q_3Q_2Q_1Q_0=1011$，移位过程示意图如表 6-7 所示。

表 6-7　移位寄存器中数码的移动状况

CP 的顺序	输入 D_0	Q_3	Q_2	Q_1	Q_0
0	0	0	0	0	0
1	1	0	0	0	1
2	0	0	0	1	0
3	1	0	1	0	1
4	1	1	0	1	1

当外部需要改组数码时，可从 $Q_3\sim Q_0$ 并行输出，也可再经 4 次移位将数码从 Q_3 端逐位输出(称串行输出方式)。

3)单向移位寄存器仿真测试

单向移位寄存器仿真测试参考电路如图 6-20 所示。

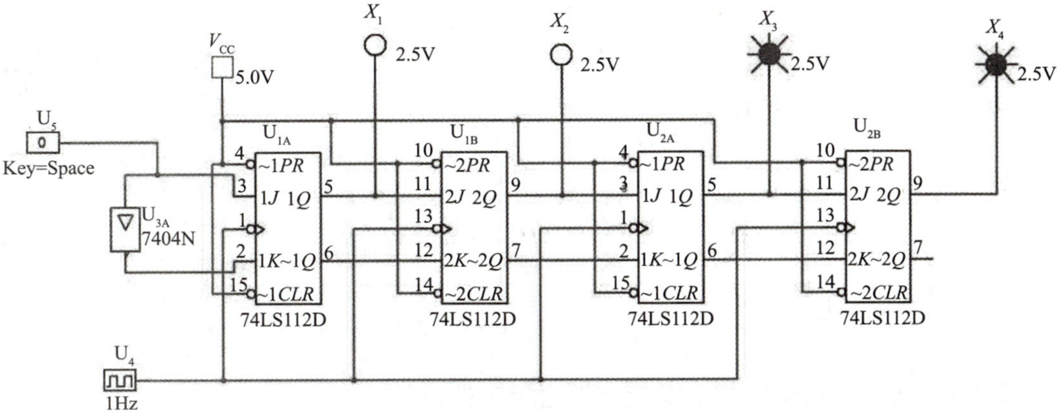

图 6-20　单向移位寄存器仿真测试参考电路

2. 双向移位寄存器

在计算机运算系统中，常需要一种能够把数据向左移位又能向右移位的双向移位寄存器。具有双向移位功能的寄存器称为双向移位寄存器。

1)74LS194 芯片的实物图、引脚排列和逻辑符号

74LS194 为 4 位双向移位寄存器。其实物图、引脚排列图及逻辑符号如图 6-21 所示。

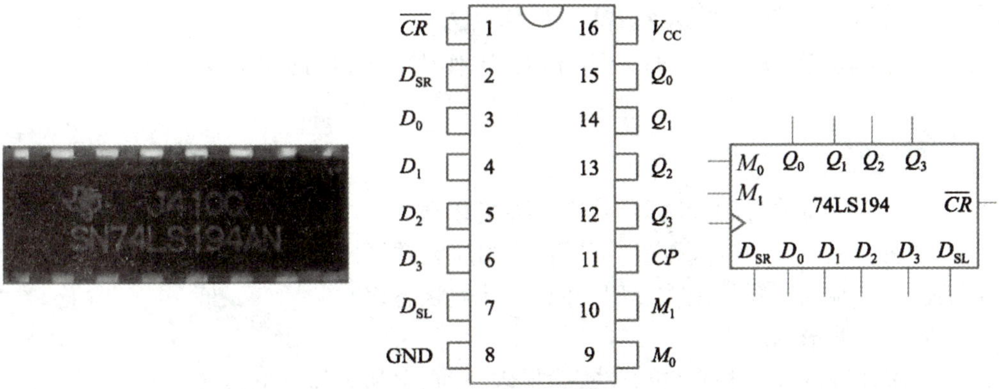

(a) 实物图　(b) 引脚排列图　(c) 逻辑符号

图 6-21　74LS194 双向移位寄存器

图中的 M_1、M_0 是双向移位寄存器的工作方式控制端，M_1、M_0 的 4 种取值（00、01、10、11）决定了寄存器的 4 种功能：保持、左移、右移、并入并出。$\overline{CR}$ 是清零端，低电平有效。D_{SR} 是右移串行数据输入端，D_{SL} 是左移串行数据输入端。$D_3 \sim D_0$ 是寄存器并行数据输入端。$Q_3 \sim Q_0$ 是寄存器并行数据输出端。

2)74LS194 芯片的逻辑功能

74LS194 芯片的逻辑功能如表 6-8 所示。

表 6-8　74LS194 的逻辑功能表

控制输入				输出功能
$\overline{CR}$	M_1	M_0	CP	$Q_3Q_2Q_1Q_0$
0	×	×	×	清零
1	0	0	×	保持(状态不变)
1	0	1	↑	右移(串入并出)
1	1	0	↑	左移(串入并出)
1	1	1	↑	并入并出、同步置数

由表 6-8 可知,74LS194 芯片具有如下逻辑功能。

(1)异步清零功能:当 $\overline{CR}=0$ 时,直接清零,寄存器各位 Q_3 ~ Q_0 均为 0,不能进行置数和移位;当 $\overline{CR}=1$ 时,寄存器允许工作。

(2)右移功能:当 $M_1M_0=01$ 时,在移位控制信号 CP 上升沿作用时,寄存器中数码依次右移一位,且将 D_{SR} 送到 Q_0。

(3)左移功能:当 $M_1M_0=10$ 时,在移位控制信号 CP 上升沿作用时,寄存器中数码依次左移一位,且将 D_{SL} 送到 Q_3。

(4)并行置数功能:当 $M_1M_0=1$ 时,在移位控制信号 CP 上升沿作用时,将数据输入端的数码并行送到寄存器中,使 $Q_3Q_2Q_1Q_0=D_3D_2D_1Q_0$。

(5)保持功能:当 $M_1M_0=0$ 时,无论有无 CP 作用,寄存器内容不变。

任务拓展

1. 设计一个 3 位二进制加法器,并进行装接和调试。
2. 对调试过程中出现的问题进行分析,找出原因并提出解决方案。
3. 阐述二进制加法器的工作过程,并制作计数状态表。
4. 绘制工作波形图。
5. 将本次任务的经验和心得写成实验报告,与同学和老师分享。

拓展阅读

打破国外垄断,把报国情怀“存储”心中

3 月 12 日上午,第十四届全国人民代表大会第一次会议举行的第三场“代表通道”上,全国人大代表、华中科技大学计算机科学与技术学院院长冯丹教授讲述了自己为实现科技自立自强的奋斗故事。

“许多人都有这样的体会,手机越用越慢、卡顿,以为是手机‘老了旧了’,其实不然。”冯丹表示,自己团队研发的存储碎片整理和高效的检索技术,“已经让几款国产主流品牌手机的性能提升了 50%以上”。

“作为一线科研人员走上全国两会‘代表通道’，让我感受到了国家对基层和科技创新的重视。”冯丹接受《长江日报》记者采访时说。这是鼓励，更是鞭策，自己将矢志不渝研究信息存储，把报国情怀牢牢“存储”心中。

■ **把尖端技术应用到老百姓生活中**

“我们手机里有一个或两个存储芯片，如果对它管理不好，就会感觉手机越用越慢。因此要对存储芯片不断优化管理，我们的团队就是在做这方面的研究。”冯丹说：“这项快速检索技术的研发历经五年，已经让几款国产主流品牌手机性能提升了50%以上。”

她表示，手机“卡、慢”的真正原因是手机上的文字、图片、视频信息越来越多，导致存储访问变慢。“有国产手机品牌找过来的时候，我们觉得正好可以解决这个问题。”冯丹说，针对这一问题，团队将做大系统的技术应用到老百姓触手可及的生活中。去年，又有两大国产手机品牌主动与冯丹团队建立了联合实验室。眼下，冯丹团队正在研究开发手机存储器“寿命预测”技术。“未来对存储器的可靠性、安全性要求会更高，个人也有这样的需求，我们发现正在研发的技术也可以应用到个人上面。在手机存储器快要‘崩溃’、读取不了数据时，提前预测提醒，让大家及时把重要信息、照片、小视频等备份出来。”冯丹说。

■ **不断研发“中国造”存储系统**

“信息社会离不开海量存储。”冯丹说。她在20世纪90年代攻读博士学位期间，发现市面上的存储系统、存储设备都被国外垄断，于是下定决心，选定存储方向。二十多年来，冯丹只做了一件事，就是不断研发国家自主知识产权的存储系统、存储设备和存储芯片。

冯丹说，自己善于从日常生活中捕捉科研灵感，比如，通过“将加工厂推到原料仓库”的思路，实现近数据处理，解决“存储墙”难题；通过“大海捞针不如让针自己跳出来”的思路，提出了“主动对象”的概念；根据政府“一站式服务”提出了“一栈式存储”的架构等，大大提高访问速度。

2004年，她担任973项目首席科学家，带领团队日夜“泡”在实验室，争分夺秒、夜以继日，向最先进海量存储系统进军。“经过两年时间，我们构建的存储系统就达到了国际先进水平，在国际存储竞赛中并列四强”。

依托国家863计划，冯丹担任海量存储重大项目总体专家组组长，多家大型IT企业参与其中，产学研用深度合作，打破了国外对高端存储系统及其核心关键技术的垄断，实现了我国存储产业从技术依赖向自主创新的跨越，团队的成果也获得国家技术发明二等奖。

“在大家的共同努力下，国产存储系统在国内市场的份额已经从立项前的不足5%发展到如今60%以上。”如今，冯丹也是武汉光电国家研究中心信息存储与光显示功能实验室主任。

仅去年以来，国内就有华为、海康、浪潮等数十家高科技企业向冯丹团队寻求存储技术合作。

“我和我的团队立志做‘顶天立地’的研究，我们和国内龙头企业建立联合实验室，共同研发速度更快、能耗更低的下一代存储芯片，未来将从根本上解决国产存储芯片‘卡脖子’问题。”冯丹表示，国家需求就是科研工作者努力的方向，当下，存储系统的存储介质芯片仍是薄弱环节。

■ 体悟科技自立自强才能赢得未来

今年全国两会，冯丹提出了《关于加快国家存储器基地建设的建议》。去年全国两会，她提出的关于加快自主创新信息存储产业升级为数字中国提供安全仓库，关于“东数西算”工程在湖北部署国家枢纽节点等建议，已被有关部门采纳，正在推进落实中。

“存储器和存储系统是数据的载体，关乎数字经济产业安全、国家安全。”冯丹说。二十多年来，她见证并参与了我国存储技术和产品从无到有、从有到全、从弱到强，深深体悟到个人小我之于“国之大者”的人生价值，也深深体悟到只有依靠科技自立自强才能赢得未来。

冯丹认为，应加快数据存储产业强链补链，助力数字经济发展。“从战略高度重视数据存力产业高质量发展，将数据存力指标纳入国家体系，尽快形成我国数据存储产业发展的顶层规划和具体目标，打造一批典型示范项目，加快先进存力的开发与应用。”

她建议，制定独立的存储产业强链补链规划，构建存储产业生态体系，构建存储标准体系，牵引国产存储产业高质量发展。同时，加速提升自主创新能力及国芯国魂产品应用，实现真正自主可控。

“做科研有时就像攀岩，选定了一个方向，每一步都要踏牢抓实。”如今，冯丹的团队已获中国发明专利 120 项、美国发明专利 3 项，完成国家标准 9 项，获国家技术发明二等奖 2 项，省部一等奖 4 项，国际存储竞赛决赛奖 1 项。

习题检测

一、填空题

1. JK 触发器提供了______、______、______和______四种功能。

2. D 触发器提供了______、______两种功能。

3. 时序逻辑电路任何时刻的输出信号不仅取决于____________，而且还取决于________________。

4. 用以存放二进制代码的电路称为________。

5. 具有存放数码和使数码逐位右移或左移的电路称为________。

二、选择题

1. 对于 JK 触发器，输入 $J=0$、$K=1$，CP 脉冲作用后，触发器的状态应为(　　)。

A. 不定　　B. 置 0　　C. 置 1　　D. 翻转

2. JK 型触发器欲实现 $Q^{n+1}=Q^n$ 逻辑功能，J、K 取值的正确组合是(　　)。

A. $J=0\ K=0$　　B. $J=0\ K=1$　　C. $J=1\ K=0$　　D. $J=1\ K=1$

3. 图 6-22 中，由 JK 触发器构成了(　　)。

A. D 触发器　　B. 基本 RS 触发器

C. T 触发器　　D. 同步 RS 触发器

图 6-22　题 3 图

4. 时序逻辑电路中一定包含(　　)。

A. 触发器　　B. 编码器

C. 移位寄存器　　D. 译码器

5. 通常寄存器应具有(　　)功能。

A. 存数和取数　　B. 清零和置数

C. A 和 B 都有　　D. 只有存数、取数和清零，没有置数

三、判断题

1. 时序逻辑电路的特点是任何时刻的输出不仅和输入有关，而且还取决于电路原来的状态。 (　　)

2. 时序逻辑电路由存储电路和触发器两部分组成。 (　　)

3. 为了记忆电路的状态，时序电路必须包含存储电路，存储电路通常以触发器为基本单元电路组成。 (　　)

4. 同步时序电路和异步时序电路的最主要区别是，前者没有 CP 脉冲，后者有 CP 脉冲。 (　　)

5. 同步时序电路和异步时序电路的最主要区别是，前者的所有触发器受同一时钟脉冲控制，后者的各触发器受不同的时钟脉冲控制。 (　　)

四、作图题

1. 触发器初始状态 Q=1。根据时钟脉冲 CP 和输入信号，画出图 6-23 所示电路 Q 端的输出波形。

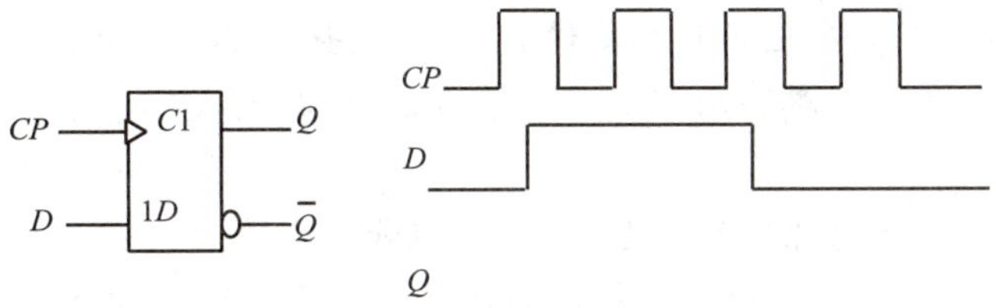

图 6-23　题 1 图

2. 触发器如图 6-24 所示，①写出它的真值表；②画出 Q 端的输出波形（初态为 0）。

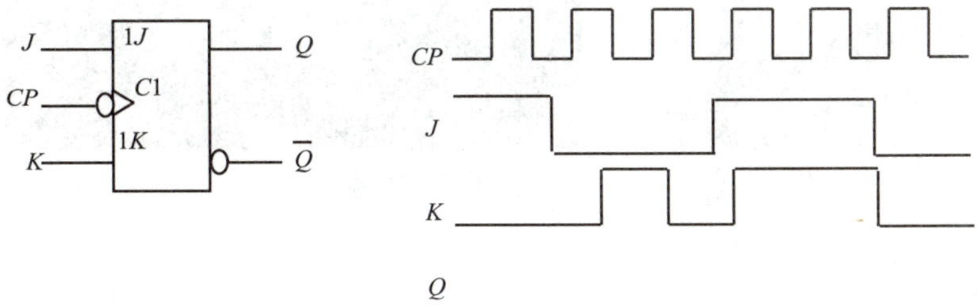

图 6-24　题 2 图

五、简述题

1. 什么是边沿触发器？

2. 怎样区别上升沿触发和下降沿触发？

学习情境 7

数字钟电路的安装与调试

2021 年 8 月 1 日，东京奥运会男子 100 米半决赛中，我国选手苏炳添以 9 秒 83 的成绩，成功晋级决赛，引起了全国人民的关注和欢呼。这个成绩不仅彰显了苏炳添个人的实力和拼搏精神，也刷新了亚洲纪录，让世界看到了中国速度。更为重要的是，他成为我国首位闯入奥运男子百米决赛的运动员，开创了新的历史，为我国田径项目在世界舞台上的突破做出了巨大贡献。

在体育赛事等领域，计数器的应用至关重要。它可以帮助运动员、教练员和裁判员实时掌握比赛节奏，为战术调整和比赛胜利提供数据支持，如图 7-1 所示。本部分将简要阐述典型计数器应用——数字钟电路的原理及其安装方法，以期为大家提供基本的电子电路知识并提高实践技能。

通过掌握数字钟电路的原理和安装方法，不仅能让大家更好地了解计数器在实际应用中的重要性，还能提高自己在电子制作领域的技能水平。同时，我们也应关注我国体育事业的发展，为运动员们创造更多辉煌成绩加油助威。

图 7-1　数字钟实物图

学习目标

【知识目标】

1. 了解计数器的功能、分类和工作原理；
2. 掌握二进制、十进制等典型集成计数器的特性及应用；
3. 掌握二十四进制、六十进制的电路工作原理；
4. 了解脉冲波形的主要参数及常见脉冲波形；
5. 理解多谐振荡器、单稳态触发器和施密特触发器的工作特点和基本功能；
6. 了解 555 定时器的内部结构和引脚功能，掌握 555 定时器的逻辑功能。

【能力目标】

1. 会进行二十四进制计数器的安装与调试；
2. 会进行六十进制计数器的安装与调试；
3. 会判断并检修数字钟电路的简单故障；
4. 能使用 Multism 或高版本电路软件绘制模拟电路图，正确连接电子元器件、仪器仪表进行电路参数测试和仿真试验。

【素养目标】

1. 通过项目的分组实施培养学生的团队合作精神；
2. 通过项目负责人的方式培养学生的组织协调管理的意识；
3. 通过课外收集资料拟定方案等活动培养学生自主探究的学习习惯；
4. 自主、安全地按照操作规程进行电路模拟仿真、连线及测试；
5. 自觉保持、维护实训室卫生、环境安全，达到 5S 要求。

知识导图

数字钟电路的安装与调试知识导图如图 7-2 所示。

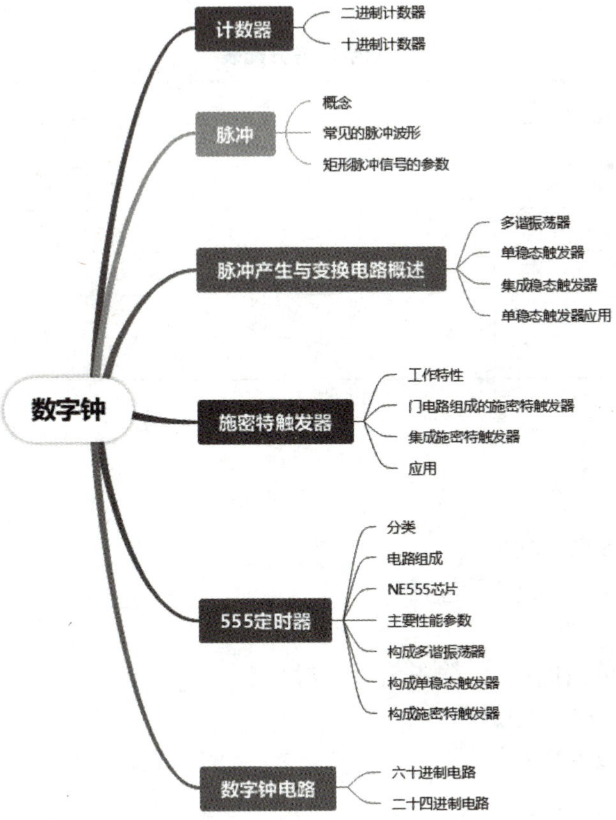

图 7-2　知识导图

任务书

任务书

专业班组		班长		日期	
学习任务:时间对人们来说总是那么宝贵,为了能让同学们准时按作息表学习生活,学校需要给每间教室和宿舍配备数字钟,现将任务交付给你们,请完成数字钟电路的设计、安装与调试					
检查意见:					
签章:					

任务分组

学生任务分配表

组长	职责			
组员	姓名	任务	姓名	任务

获取信息

引导问题 1:计数器的功能是______________________________。

引导问题 2:计数器的作用包括______________、______________、______________、______________等。

引导问题 3:计数器的特点:输入信号一般只有______________、是一种______________型的时序电路;电路的主要组成单元是______________。

引导问题 4:计数器能够记忆______________的个数,即电路的______________状态,叫做计数器的______________、______________或______________、如 3 位二进制计数器的模 $M=$______________;4 位二进制计数器的模 $M=$______________;n 位二

进制计数器的 M=______________；十进制计数器的 M=______________；N 进制计数器的 M=______________。

引导问题 5：画出 3 位二进制同步加法计数器的状态图。

引导问题 6：画出 3 位二进制同步减法计数器的状态图。

引导问题 7：555 定时器是一种多功能的模拟-数字混合集成器件，可以构成各种脉冲波形的______________、______________、______________和______________电路。

引导问题 8：写出 555 定时器的功能表。

555 定时器的功能表

U_{TH}	$U_{\overline{TR}}$	$\bar{R}$	u_O	T_D 的状态
×	×	0		
$>2V_{CC}/3$	$>V_{CC}/3$	1		
$<2V_{CC}/3$	$>V_{CC}/3$	1		
$<2V_{CC}/3$	$<V_{CC}/3$	1		

引导问题 9：画出 555 定时器的引脚图并标注所有引脚的功能。

1：________引脚　2：________引脚　3：________引脚　4：________引脚
5：________引脚　6：________引脚　7：________引脚　8：________引脚

引导问题 10：画出 555 时基电路构成施密特触发器的电路原理图。

引导问题 11：画出 555 时基电路构成单稳态触发器的电路原理图。

引导问题 12：画出 555 时基电路构成多谐振荡器的电路原理图。

引导问题 13：手绘六十进制和二十四进制电路图，并熟悉其工作原理。

工作计划

1. 制定工作方案。

(　　　　　　)工作方案

步骤	工作内容	负责人
1		
2		
3		
4		
5		
6		

2. 写出数字钟电路的工作原理。

3. 列出仪表、工具、耗材和器件清单。

仪表工具、耗材和器件清单

序号	名称	型号与规格	单位	数量	备注

4. 画出数字钟电路布置图、接线图。

进行决策

1. 各组派代表阐述设计方案。

2. 各组对其他组的设计方案提出自己不同的看法。

3. 教师结合大家完成的情况进行点评，选出最佳方案。

工作实施

（1）按照本组制定的计划（最佳方案）实施——仿真电路。利用仿真软件对电路进行仿真（可扫码观看二维码参考内容），在学习平台上传结果。

数字钟电路的原理　　数字钟电路的仿真　　数字钟电路的焊接与调试

（2）安装电路。

①领取元器件、材料工具等。

元器件、材料工具列表

序号	器件名称	数量	序号	器件名称	数量

②检查元器件，填写仪表、工具、耗材和器件清单。在电路安装前，要对整机所用的元器件进行检测，以减少后期故障的发生。对照元件的标称值，测得元件在误差范围内可用，否则需要更换器件。识读后测量并填写表格。

③安装元器件。安装元器件时，注意带极性的元件，并按要求正确连接，集成电路的引脚不得装错。焊接元件时，注意工艺要求，元件装接高度以及管脚如何处理，焊装管脚要光滑，防止虚焊和毛刺。

④电路检测。

⑤通电前的检查。认真对照电路原理图，检查装接有无错误，检查焊接情况，有无虚焊、漏焊、毛刺、短路等，仔细检查有极性的元件有无接反，元件规格是否符合要求。借助万用表检测电路的主电源连接端的电阻，用 $R\times1$ K 挡位测试，阻值应该大于 1 kΩ，若阻值很小，说明电路有短路现象。

⑥通电检测。将电路接通电源进行功能测试，并观察数码管显示情况，同时用万用表的直流电压挡测量集成电路各引脚对地电压并记录。

评价反馈

各组代表展示作品，介绍任务的完成过程。作品展示前准备阐述资料，填写阐述项目表，并完成下列评价表。

学生自评表

任务	完成情况记录
任务是否按计划时间完成	
相关理论完成情况	
技能训练情况	
任务完成情况	
任务创新情况	
材料上交情况	
收获	

学生互评表

序号	评价项目	小组互评	教师评价	总评
1	任务是否按时完成			
2	材料完成上交情况			
3	作品质量			
4	语言表达能力			
5	小组成员合作面貌			
6	创新点			

教师评价表

序号	评价项目	自我评价	互相评价	教师评价	综合评价
1	学习准备				
2	引导问题填写				
3	规范操作				
4	完成质量				
5	关键操作要领掌握				
6	完成速度				
7	5S 管理、环保节能				
8	参与讨论主动性				
9	沟通协作				
10	展示汇报				

注：评价等级统一采用 A（优秀）、B（良好）、C（合格）、D（努力）四级。

学习情境的相关知识点

知识点 1:什么是计数器

在数字系统中,往往需要对脉冲的个数进行计数,以实现测量、运算和控制。能累计输入脉冲个数的数字电路称为计数器。

计数器是数字电路中应用十分广泛的单元逻辑电路,除直接用于计数、分频、定时外,还经常应用于数字仪表、程序控制、计算机等领域。

计数器的种类繁多。按计数器的触发器是否同时翻转来进行分类,计数器可以分为同步计数器和异步计数器。在同步计数器中,当时钟脉冲输入时各触发器的翻转是同时发生的,而在异步计数器中,各触发器的翻转不是同步发生的。按计数过程中计数器的数字增减进行分类,又可以把计数器分为加法计数器、减法计数器和可逆计数器。随着计数脉冲的不断输入而作递增计数的叫加法计数器,作递减计数的叫减法计数器,可增可减的叫可逆计数器。按计数器中数字的编码方式进行分类,其还可以分为二进制计数器、二—十进制计数器、循环码计数器等。

一、二进制计数器

二进制计数器

在计数脉冲作用下,各触发器状态的转换按二进制数的编码规律进行计数的数字电路称为二进制计数器。

用 n 表示二进制代码的位数(也就是相对应的触发器的个数),用 N 表示有效状态数,在二进制计数器中有 $N = 2^n$ 个状态。二进制计数器是构成其他各种计数器的基础。

1. 异步二进制计数器

异步计数器在计数时采用从低位到高位逐位进(借)位的方式工作,因此,其中的各个触发器不是同步翻转的。

二进制加法计数的规则是每一位如果是 1,再计 1 时变成 0,同时向高位发出进位信号,是高位翻转。若使用下降沿触发的 T' 触发器组成计数器,则只要将低位触发器的 Q 端接至高位触发器的时钟输入端即可。当低位由 1 变为 0 时,Q 端的下降沿正好可以作为高位的时钟信号。

如图 7-3 所示是下降沿触发的 T' 触发器,T' 触发器是令 JK 触发器的 $J = K = 1$ 而得到的。图中各触发器的 $\overline{R_D}$ 连接在一起作为计数器的直接复位输入信号。因为所有的触发器都是在时钟信号的下降沿动作,所以进位信号应从低位的 Q 端输出。最低位触发器的时钟信号 CP_0,也就是要记录的计数输入脉冲。其他触发器的 CP 依次受低位触发器 Q 的控制。各触发器接收到负跳变脉冲信号时状态翻转。

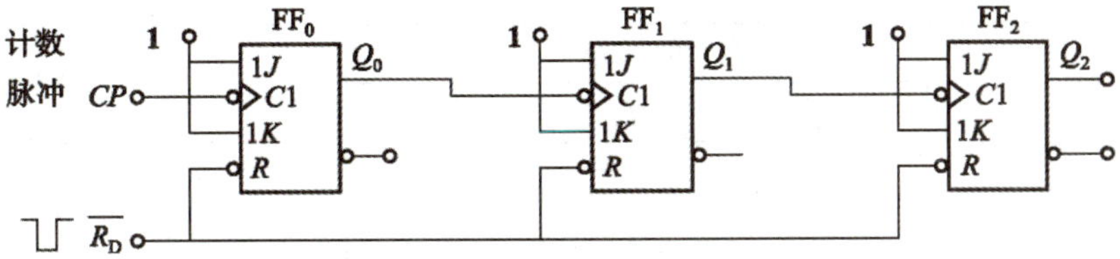

图 7-3　下降沿触发的异步二进制加法计数器

计数前，在复位端 $\overline{R_D}$ 先输入一负脉冲，使 $Q_2Q_1Q_0=000$，这一过程称为清零。清零后应使 $\overline{R_D}=1$，才能正常计数。

当第一个计数脉冲 CP 作用后，该脉冲的下降沿使触发器 FF_0 的 Q_0 由 0 态变为 1 态，其他两个触发器因没有 CP 下降沿的作用，仍保持 0 态，所以当第一个 CP 作用后，计数器状态为 $Q_2Q_1Q_0=001$。

当第二个 CP 作用时，触发器 FF_0 翻转，Q_0 由 1 态变为 0 态，Q_0 的下降沿加到 FF_1 的时钟脉冲输入端，使 Q_1 从 0 态变为 1 态，Q_1 上升沿变化对触发器 FF_2 无效，Q_2 状态保持不变，所以当第二个 CP 作用后，计数器状态为 $Q_2Q_1Q_0=010$。

依此类推，当第七个 CP 作用后计数器状态为 111，当第八个 CP 作用后计数器又回到 000 状态，完成一次循环。它的工作波形图如图 7-4 所示。

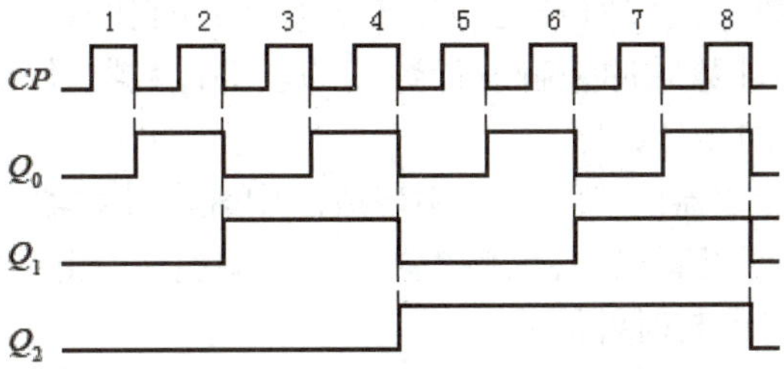

图 7-4　异步 3 位二进制计数器工作波形图

从以上分析可以看出，各触发器的翻转有先有后，是异步的，而每输入一个计数脉冲，计数器就进行一次加 1 运算。输入脉冲数与对应的二进制数如表 7-1 所示。

表 7-1　3 位二进制加法计数器的计数状态表

计数脉冲	电路状态			等效十进制数
	Q_2	Q_1	Q_0	
0	0	0	0	0
1	0	0	1	1
2	0	1	0	2
3	0	1	1	3
4	1	0	0	4

续表

计数脉冲	电路状态			等效十进制数
	Q_2	Q_1	Q_0	
5	1	0	1	5
6	1	1	0	6
7	1	1	1	7
8	0	0	0	0

用上升沿触发的 T' 触发器同样可以构成异步二进制加法计数器，但每一级触发器的进位脉冲改由 $\overline{Q}$ 端输出。

如果将 T' 触发器按二进制减法计数规则连接，就得到二进制减法计数器。按照二进制减法计数规则，若低位触发器已经为 0，则再输入一个减法计数脉冲后就应翻转为 1，同时向高位发出借位信号，使高位翻转。

将异步二进制加法计数器和异步二进制减法计数器作比较可发现，它们都是将低位触发器的一个输出端接到高位触发器的时钟输入端。在采用下降沿触发的 T' 触发器时，加法计数器以 Q 端为输出端，减法计数器以 $\overline{Q}$ 为输出端。而采用上升沿触发的 T' 触发器时，情况正好相反，加法计数器以 $\overline{Q}$ 端为输出端，减法计数器以 Q 端为输出端。

2. 同步二进制计数器

由于异步二进制计数器进位信号是逐步传送的，因此它的计数速度受到限制。为了提高计数速度，应设法利用计数脉冲去触发计数器的全部计数器，使全部计数器的状态转换，与输入脉冲同步，这就是同步计数器。

实际的同步二进制计数器已广泛地采用现成的中规模计数器。图 7-5 所示电路为同步 3 位二进制加法计数器，可以看出，各级触发器的 CP 端连在一起，受同一个时钟脉冲控制，所以各触发器状态的翻转也与时钟同步。

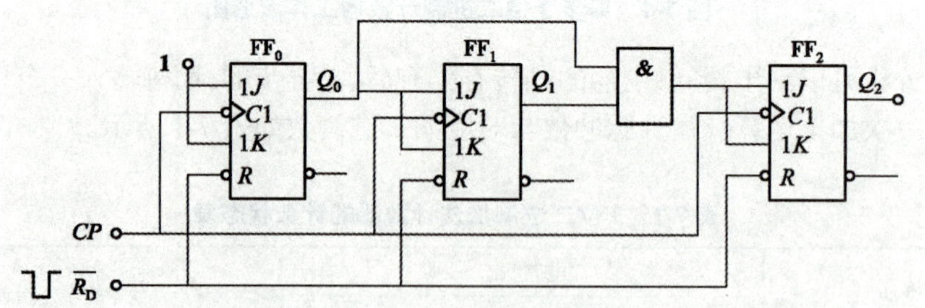

图 7-5　同步 3 位二进制加法计数器

分析同步计数器工作情况时，要特别注意各触发器 J、K 控制端的状态。

最低位 FF_0：$J_0=K_0=1$，每一次 CP 下降沿作用时，FF_0 都翻转。

第二位 FF_1：$J_1=K_1=Q_0$，当 $Q_0=1$ 且有 CP 下降沿作用时，FF_1 翻转。

第三位 FF_2：$J_2=K_2=Q_1Q_0$，当 $Q_1=Q_0=1$ 且有 CP 下降沿作用时，FF_2 翻转。

由此可画出同步 3 位二进制加法计数器的工作波形图，如图 7-6 所示。

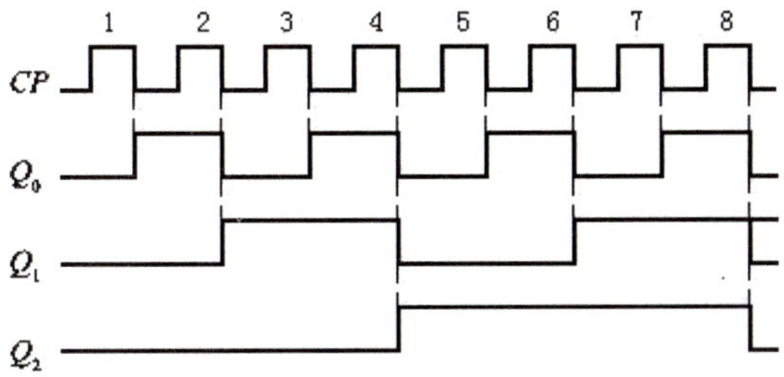

图 7-6　同步 3 位二进制加法计数器的工作波形图

比较异步 3 位二进制加法计数器和同步 3 位二进制加法计数器的工作波形，它们的逻辑状态完全相同，不同的是异步计数器各触发器的状态更新是逐级进行的，工作速度较低，工作频率不高；而同步计数器各触发器的状态更新是同时的，减少了触发器之间的传输延迟时间，提高了计数器的工作速度。

3. 集成计数器 74LS393

74LS393 是双 4 位二进制计数器（异步清零）。异步清零端 1*CLEAR*，2*CLEAR* 为高电平时，不管时钟端 1*A*，2*A* 状态如何，均可完成清除功能。当 1*CLEAR*，2*CLEAR* 为低电平时，在 1*A*，2*A* 脉冲下降沿作用下进行计数操作。74LS393 引脚图如图 7-7 所示，74LS393 真值表如表 7-2 所示。

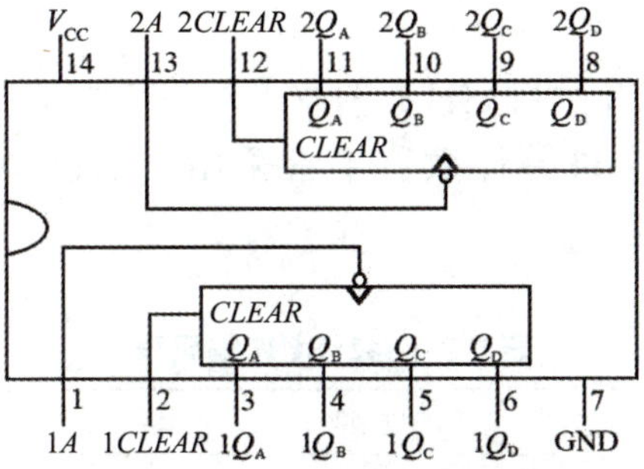

图 7-7　74LS393 引脚图

（1）引出端符号。1*A*、2*A* 时钟输入端（下降沿有效）；1*CLEAR*，2*CLEAR* 异步清零端；1 Q_A ~1 Q_D、2 Q_A ~2 Q_D 输出端。

（2）极限值。电源电压：7 V；输入电压 1*A*，2*A*：5.5 V；1*CLEAR*，2*CLEAR*：7 V；工作环境温度：0~70 ℃。

表 7-2　74LS393 真值表

计数	输出				计数	输出			
	Q_A	Q_B	Q_C	Q_D		Q_A	Q_B	Q_C	Q_D
0	0	0	0	0	8	1	0	0	0
1	0	0	0	1	9	1	0	0	1
2	0	0	1	0	10	1	0	1	0
3	0	0	1	1	11	1	0	1	1
4	0	1	0	0	12	1	1	0	0
5	0	1	0	1	13	1	1	0	1
6	0	1	1	0	14	1	1	1	0
7	0	1	1	1	15	1	1	1	1

二、十进制计数器

十进制计数器

虽然二进制计数器有结构简单、运算方便的优点，但日常生活中人们使用的是十进制计数，因此，数字系统中经常要用到十进制计数器。十进制计数器是在计数脉冲作用下，各触发器状态按十进制数的编码规律进行转换的数字电路。

1. 十进制的编码

用二进制数码表示十进制数的方法，称为二—十进制编码，简称 BCD 码。由于 3 位二进制码只能表示八个状态，而 4 位二进制数可表示十六个状态，因此，要表示十进制数至少要用 4 位二进制数。

前边已经分析过，一个 4 位二进制计数器有十六个状态，而表示十进制数只需要十个状态，需要去掉六个状态，在十进制计数器中常采用 8421BCD 码的编码方式进行计数。8421BCD 编码表如表 7-3 所示。

表 7-3　8421BCD 编码表

计数脉冲个数	二进制数码				对应十进制数码
	Q_3	Q_2	Q_1	Q_0	
0	0	0	0	0	0
1	0	0	0	1	1
2	0	0	1	0	2
3	0	0	1	1	3
4	0	1	0	0	4
5	0	1	0	1	5
6	0	1	1	0	6
7	0	1	1	1	7
8	1	0	0	0	8
9	1	0	0	1	9

续表

计数脉冲个数	二进制数码				对应十进制数码
	Q_3	Q_2	Q_1	Q_0	
	1	0	1	0	不用
	1	0	1	1	
	1	1	0	0	
	1	1	0	1	
	1	1	1	0	
	1	1	1	1	
10	0	0	0	0	0

2. 异步十进制加法计数器

异步十进制加法计数器类似于二进制计数器，十进制计数器也可以分为同步十进制加法计数器、同步十进制减法计数器、异步十进制加法计数器、异步十进制减法计数器等类型。下面以异步十进制加法计数器为例做一介绍。

1）电路组成

异步十进制加法计数器电路由 4 位二进制计数器和一个用于计数器清零的门电路组成，如图 7-8 所示。其与二进制加法计数器的主要差异是跳过了二进制数码 1010~1111 的六个状态。

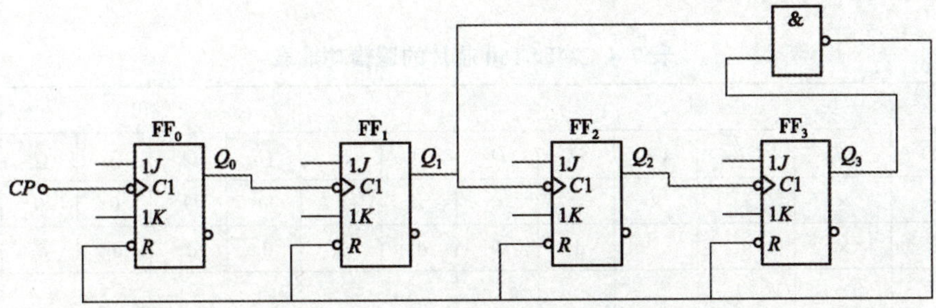

图 7-8 异步十进制加法计数器

2）工作过程

计数器输入 0~9 个计数脉冲时，工作过程与 4 位二进制异步计数器完全相同，第 9 个计数脉冲后 $Q_3Q_2Q_1Q_0=1001$。

当第 10 个计数脉冲到来后，计数状态为 $Q_3Q_2Q_1Q_0=1010$，此时 $Q_3=Q_1=1$，与非门输入全 1，输出为 0，使各触发器复位，即 $Q_3Q_2Q_1Q_0=0000$。同时，使与非门输出又变为 1，计数器重新开始工作。从而实现 8421BCD 码十进制加法计数的功能。

该电路能实现按 8421BCD 码编码的十进制计数，但在工作过程中有一个复位过渡状态，即计数器要在 1010 状态下使各触发器同步复位。虽然复位过渡状态只是短暂的一瞬间，但若各触发器的翻转速度不一致，便会产生误动作。

在实践中，如果出现不是预期的效果，调试时可在某一级触发器的输出端 Q_1 或 Q_2 等和GND之间接一个几百皮法的电容，一般可排除故障，也可采取其他措施保证电路更可靠地工作。

3. 同步十进制计数器

1）74LS160芯片的引脚排列和逻辑符号

74LS160芯片的引脚排列和逻辑符号如图7-9所示。

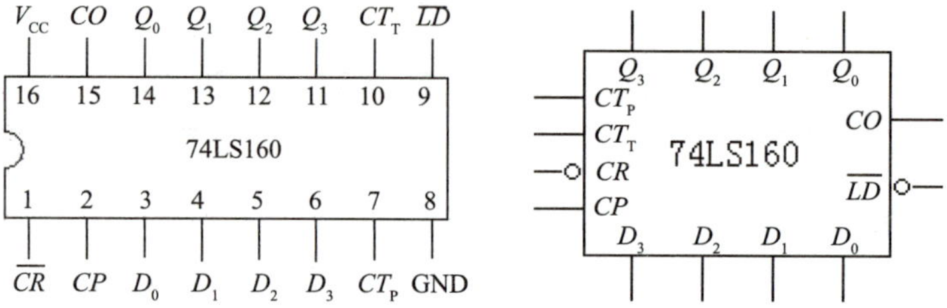

图7-9　74LS160芯片的引脚排列和逻辑符号

图7-9中，$\overline{CR}$ 是清零端，低电平有效；$\overline{LD}$ 是同步预置数控制端，低电平有效；CT_P、CT_T 是计数控制端；CO 是进位输出端；CP 是计数脉冲输入端；$D_3 \sim D_0$ 是置数输入端；$Q_3 \sim Q_0$ 是4位数码输出端。

2）74LS160芯片的逻辑功能

74LS160的逻辑功能表如表7-4所示。

表7-4　74LS160芯片的逻辑功能表

输入									输出				功能
$\overline{CR}$	$\overline{LD}$	CT_P	CT_T	CP	D_3	D_2	D_1	D_0	Q_3	Q_2	Q_1	Q_0	
0	×	×	×	×	×	×	×	×	0	0	0	0	异步清零
1	0	×	×	↑	d_3	d_2	d_1	d_0	d_3	d_2	d_1	d_0	同步置数
1	1	1	1	↑	×	×	×	×	每来一次 CP，加1计数				4位十进制加法计数
1	1	0	×	×	×	×	×	×	保持				锁存数据
1	1	×	0	×	×	×	×	×					

由表7-4可知，74LS160芯片具有如下逻辑功能。

（1）异步清零功能：当 $\overline{CR}=0$ 时，直接清零，计数器输出 $Q_3Q_2Q_1Q_0=0000$，不能进行置数和计数。当 $\overline{CR}=1$ 时，计数器允许工作。

（2）同步预置数功能：当 $\overline{CR}=1$，$\overline{LD}=0$ 时，计数器完成预置数的功能。数据输入端 $D_3D_2D_1D_0$ 的数据 $d_3d_2d_1d_0$ 在 CP 脉冲上升沿作用下，并行存入计数器中，达到预置数的目的，即 $Q_3Q_2Q_1Q_0 = d_3d_2d_1d_0$。由于这个操作要与 CP 同步，所以又称为同步预置数。

（3）计数功能：当 $\overline{CR} = \overline{LD} = 1$，$CT_P = CT_T = 1$ 时，CP 为上升沿有效时，实现加法计数功能。计数到 $Q_3Q_2Q_1Q_0 = 1001$ 时，从 CO 端送出正跳变进位脉冲。

（4）保持功能：当 $\overline{CR} = \overline{LD} = 1$，$CT_P \cdot CT_T = 0$ 时，输出 $Q_3Q_2Q_1Q_0$ 保持不变。这时若 $CT_P = 0$，$CT_T = 1$，则进位输出信号 CO 保持不变；若 $CT_P = 1$，$CT_T = 0$，则进位输出信号 CO 为低电平。

74LS160 芯片在异步清零、同步预置数、计数和保持几个功能中，异步清零的优先级最高，其次是同步预置数，第三是计数，保持的级别最低。若在计数过程中出现清零或置数信号，计数器将中断计数过程，迫使计数器清零或置数。

知识点 2：常见脉冲产生电路及应用

常见脉冲产生电路及应用

一、脉冲

1. 脉冲的概念

脉冲是指一种瞬间突变、持续时间极短的电压或电流信号。它可以是周期性变化的，也可以是非周期性的或单次的。

2. 常见的几种脉冲波形

如图 7-10 所示，脉冲信号种类繁多，常见的脉冲波形有矩形波、锯齿波、尖峰波、阶梯波等。数字电路中用到的脉冲波形通常为矩形波。

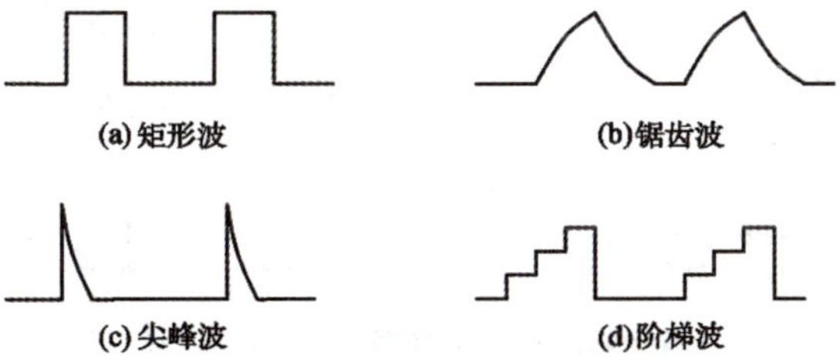

图 7-10　常见的几种脉冲

3. 矩形脉冲信号的参数

理想状况下和实际的矩形脉冲波行及其参数如图 7-11 所示。对于理想的矩形脉冲信号，一般只要有脉冲幅度、脉冲周期和脉冲宽度就可以描绘出它的特征，对于实际的矩形信号则需要更多的参数来描述其特征。主要是：脉冲幅值 U_m、脉冲上升时间 t_r、脉冲下降时间 t_f、脉冲宽度 t_W、脉冲周期 T、占空比 D。

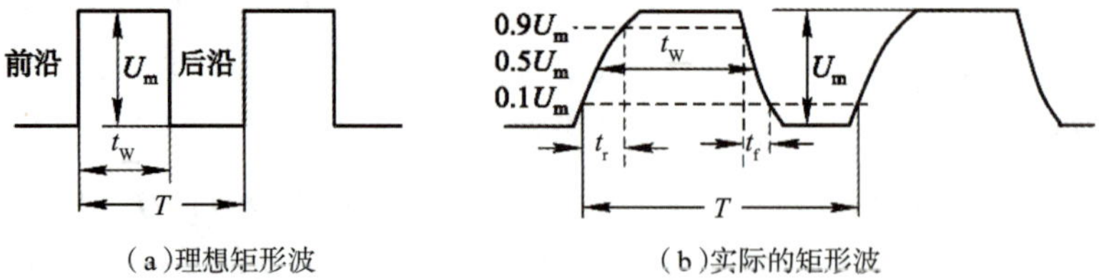

图 7-11　脉冲信号的主要参数

二、脉冲产生与变换电路概述

获得符合要求的脉冲信号,经常采用以下两种方法。

一种是利用脉冲振荡电路直接产生所需要的波形。在数字电路中最常用的脉冲振荡电路为多谐振荡器、石英晶体振荡器等。

另一种是利用脉冲变换电路,将已有的性能不符合要求的脉冲信号变换成符合要求的脉冲信号。常用的变换电路有单稳态触发器、施密特触发器等。

1. 多谐振荡器

多谐振荡器是一种自激振荡器。在电路工作时,无需外加触发信号便能自动产生一定频率和一定宽度的矩形脉冲信号,常用作脉冲信号发生器。

1)门电路组成的多谐振荡器

门电路组成的多谐振荡器如图 7-12 所示。

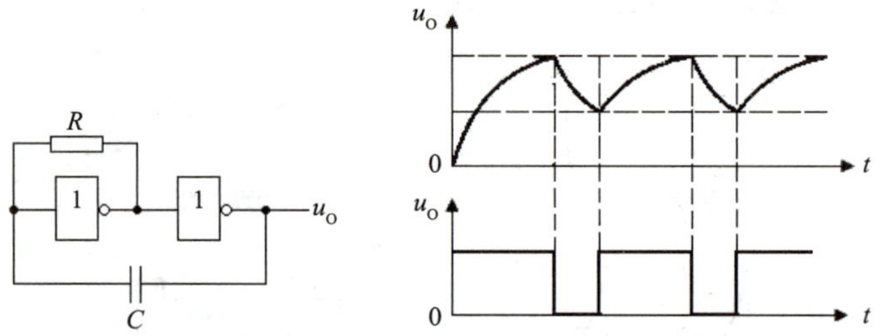

图 7-12　门电路组成的多谐振荡器

常用的非门电路多谐振荡器,两个非门接成 RC 耦合正反馈电路,使之产生振荡。RC 的另外一个重要作用是组成定时电路,决定多谐振荡器的振荡频率和脉冲宽度。

矩形脉冲信号的周期是由电容充、放电时间决定的,可按下式估算:

$$T \approx 1.4RC$$

2)石英晶体多谐振荡器

石英晶体多谐振荡器如图 7-13 所示。

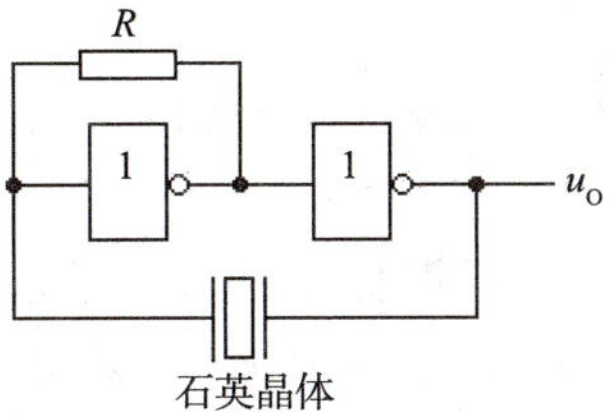

图 7-13　石英晶体多谐振荡器

当信号频率与石英晶体固有的谐振频率f_0相等时，它的阻抗为 0，使该信号容易通过，形成正反馈，产生振荡。而对其他频率，石英晶体呈现高阻抗，正反馈的路径被切断，不能起振。因此振荡器输出矩形脉冲信号的频率f就等于石英晶体的谐振频率f_0，与电路其他元件无关。

2. 单稳态触发器

单稳态触发器是一种具有一个稳态和一个暂稳态两种工作状态的波形变换电路。它的工作特性具有如下显著特点：有一个稳态和一个暂稳态，若无外界触发脉冲作用，电路将始终保持稳态；在外界触发脉冲作用下，能从稳态翻转到暂稳态，在暂稳态维持一段时间以后，再自动返回稳态；暂稳态维持时间的长短通常都是靠 RC 电路的充、放电过程来维持的，与触发脉冲的宽度和幅度无关。

根据 RC 电路的不同接法，可把单稳态触发器分为微分型和积分型两种，如图 7-14 所示。

单稳态触发器的输入、输出脉冲如图 7-15 所示。

输出脉冲宽度 t_W 由充放电时间 RC 决定，与外加触发信号 u_I 的宽度和幅度无关，可按下式估算。

$$t_W \approx 0.69RC$$

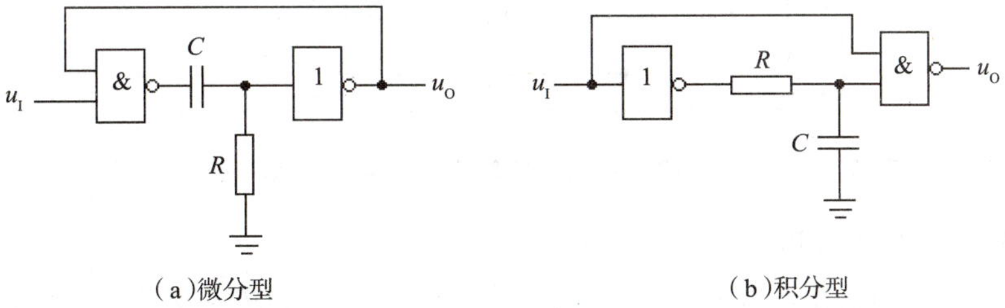

图 7-14　门电路组成的单稳态触发器

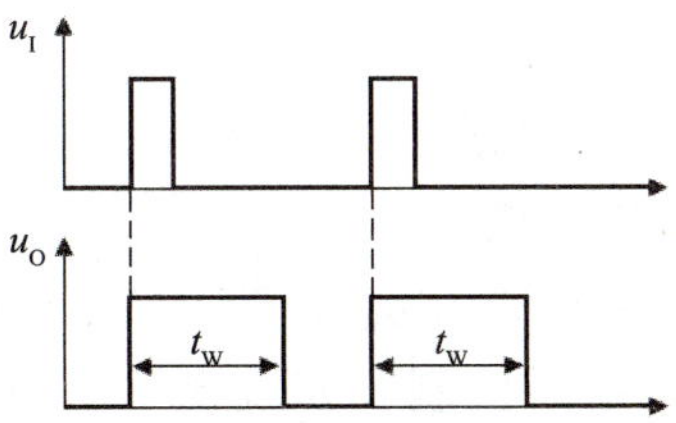

图 7-15　单稳态触发器输入、输出脉冲

3. 集成单稳态触发器

集成单稳态触发器主要分为不可重复触发型和可重复触发型。

1)不可重复触发型

不可重复触发的单稳态触发器一旦被触发进入暂稳态后,再加入触发脉冲,电路的输出脉冲宽度 t_W 不受其影响,仍有电路的 R、C 参数确定,必须在暂稳态结束后,它才能接收下一个触发脉冲而转入暂稳态,如图 7-16 所示。

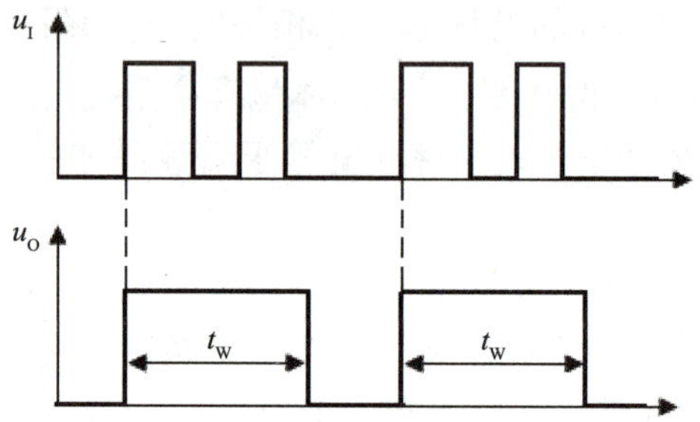

图 7-16 不可重复触发型输入输出波形

2)可重复触发型

可重复触发的单稳态触发器在电路被触发进入暂稳态后,如果再次加入触发脉冲,电路将被重新触发,使输出脉冲再继续维持一个 t_W 宽度。它的输出脉冲宽度可根据触发脉冲的输入情况不同而改变,如图 7-17 所示。

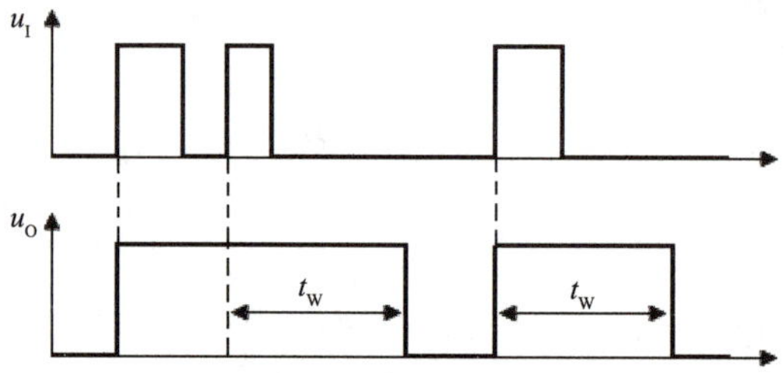

图 7-17 可重复触发性输入输出波形

4. 单稳态触发器的应用

单稳态触发器的应用范围很广,主要用于脉冲整形、脉冲宽度变换、定时、延时等场合。

(1)脉冲整形。脉冲信号在传输和处理过程中,可能受到干扰,使波形畸变,导致脉冲波形出现诸如幅度不等、宽度不同、波形有毛刺、边沿不陡峭等问题,此时可以采用单稳态电路对其进行整形。

(2)脉冲宽度变换。当输入信号的脉冲宽度不符合要求时,利用单稳态触发器输出脉冲宽度可调的特点,实现脉冲宽度的变换。

(3)脉冲信号定时。单稳态触发器触发后,若 RC 不变,则输出脉冲宽度是固定的,利用这个特点可实现对受控装置的定时控制。如楼道中的声控开关,当有声音时,单稳态电路受触发而翻转,驱动照明灯光,经过一定的时间后,单稳态电路自动回到稳定状态,照明灯自动熄灭。

（4）脉冲信号延时。将两个单稳态触发器串联起来，就可实现延时功能。

三、施密特触发器

施密特触发器是一种靠输入触发信号维持的双稳态触发器。其特点是：电路具有两个稳态，当输入信号电压升高至上限触发电压 U_{T+} 时，电路翻转到第二稳态；当输入触发信号降低至下限触发电压 U_{T-} 时，电路就由第二稳态返回第一稳态。

1. 施密特触发器的工作特性

1）主要参数

$$\Delta U_T = U_{T+} - U_{T-}$$

式中，上限触发电压（正向阈值电压）U_{T+} 指 U_I 上升过程中，输出电压 U_O 产生跳变所对应的输入电压值；下限触发电压（负向阈值电压）U_{T-} 指 U_I 下降过程中，输出电压 U_O 产生跳变所对应的输入电压值；回差电压 $\Delta U_T = U_{T+} - U_{T-}$。

回差电压越大，施密特触发器的抗干扰性越强。施密特触发器的这种特性称为滞回特性。

2）施密特触发器的工作波形

施密特触发器的工作波形如图 7-18 所示。

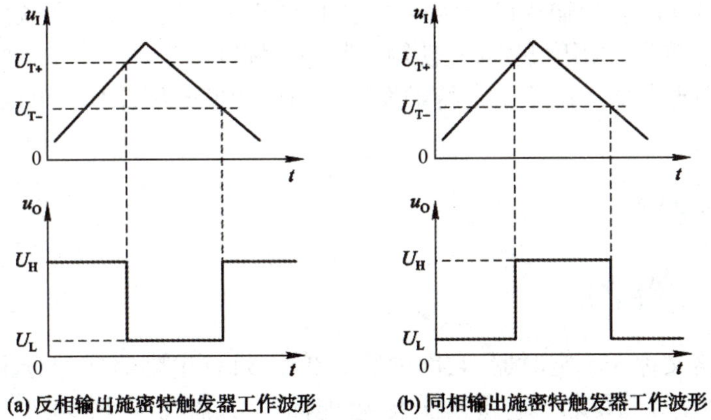

图 7-18 施密特触发器的工作波形

2. 门电路组成的施密特触发器

图 7-19 所示电路是用非门构成的施密特触发器，通过改变 R_1 和 R_2，可以调节 U_{T+}、U_{T-} 和 ΔU_T 的大小。但 R_1 必须小于 R_2，否则电路将进入自锁状态，不能正常工作。R_2 越小，回差电压越大，回差特性越明显。

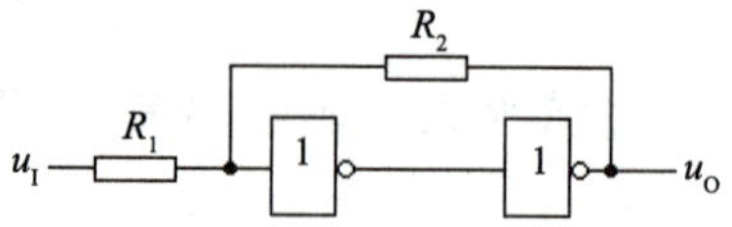

图 7-19　门电路组成的施密特触发器

3. 集成施密特触发器

集成施密特触发器的性能一致性好,触发电平稳定,使用方便。集成施密特触发器主要有 CMOS 和 TTL 两大类。

常用的有施密特与非门、施密特非门,与普通芯片引脚兼容,逻辑功能一样,差异在于施密特非门存在上、下限触发电压。

4. 施密特触发器的应用

施密特触发器应用范围很广,主要用于波形变换、脉冲整形、幅度鉴别和多谐振荡等场合。

(1)波形变换。利用施密特触发器的电压比较特性,可实现对某些信号的波形变换,比如将三角波、正弦波等变换为矩形波。

(2)脉冲整形。对于传输或处理过程中波形发生畸变的脉冲信号,可采用施密特触发器对其进行整形。当输入的脉冲上升沿达到正向阈值电压,下降沿达到负向阈值电压时,施密特触发器符合翻转条件,输出一个脉冲幅度恒定、前后沿陡峭、无毛刺的脉冲波形,实现对波形畸变的脉冲进行整形。

(3)脉冲幅度鉴别。当输入信号幅度不等,但要求将幅度较小的干扰脉冲去除时,可利用施密特触发器实现脉冲幅度鉴别,并使输出脉冲的幅度恒定。

(4)构成多谐振荡器。由于施密特触发器有两个阈值电压,因此,可以很方便地构成多谐振荡器。

知识点 3:555 定时器

一、555 定时器简介

555 定时器

555 时基电路又称 555 定时器,它因内部有 3 个 5 kΩ 电阻组成的分压电路,而且电阻精度高而得名。它价格低廉、性能优良,只需在其外部接少量的阻容元件,即可构成多种脉冲电路,因而在电子控制、电子检测、仪器仪表、家用电器、电子玩具等许多领域得到广泛应用。

1. 分类

按内部元件分类,555 时基电路可分为 TTL 型和 CMOS 型两大类。

TTL 型为双极型,工作电压为 4.5~5.5 V,一般以 555 命名。主要特点是输出电流大,可达 200 mA 以上,可直接驱动大电流执行器件,如继电器。

CMOS 型为单极型,工作电压为 2~18 V,一般以 7555 命名。主要特点是功耗低,输入阻抗高,输出电流较小,一般小于 4 mA。

按片内定时器的个数分类,可分为单定时器(555)和双定时器(556)。双定时器 556 在一块集成电路内部集成了两个独立的 555 时基电路。

2. 电路组成

555 定时器一般由分压器、比较器、触发器、放电三极管及缓冲管组成。

3. NE555 芯片的实物图、引脚排列和逻辑符号

让学生观察 NE555 芯片的实物，解释引脚排列，简单说明引脚功能，并画出其逻辑符号。555 定时器的引脚排列及引脚功能如表 7-5 所示。

表 7-5　555 定时器的引脚排列及引脚功能

类别	引脚	符号	名称	功能
电源	8	V_{CC}	电源正端	电源电压在 4.5~12 V 范围内均能工作
	1	GND	电源负端	
输入端	2	$\overline{TR}$	触发端	该引脚电位低于 $\frac{1}{3}V_{CC}$ 时，第 3 脚输出为高电平
	6	TH	阈值输入端	该引脚电位高于 $\frac{2}{3}V_{CC}$ 时，第 3 脚输出为低电平
	4	$\overline{R_D}$	复位端	该引脚加上低电平时，第 3 脚输出为低电平（清零）
	5	CO	控制电压端	外加电压时可改变“阈值”和“触发”端的比较电平；一般对地接一个 0.01 μF 的电容
输出端	3	OUT	输出端	最大输出电流达 200 mA，可与 TTL、MOS 逻辑电路或模拟电路相配合使用
	7	DIS	放电端	输出逻辑状态与第 3 脚相同。输出高电平时 VT 截止；输出低电平时 VT 导通

4. NE555 芯片的逻辑功能

NE555 芯片的逻辑功能如表 7-6 所示，按表讲解芯片的逻辑功能：1 出 0；0、0 出 1；0、1 不变；1、0 应避免。

5. 555 定时器的主要性能参数

简单了解 555 定时器的主要性能参数。一般用 TTL 工艺制作的称为 555 定时器，用 CMOS 工艺制作的称为 7555 定时器。但是性能参数略有不同。

（1）电源电压范围：一般为 4.5~16 V。

（2）输出电流：较大的输出电流能力，可以驱动一定功率的负载。

（3）工作温度范围：不同型号的 555 定时器工作温度范围有所不同，通常在−40 ℃至 85 ℃之间。

（4）定时精度：取决于内部电路设计和外部元件的精度，一般可以满足大多数应用的定时需求。

（5）触发阈值：有特定的触发电压阈值，用于触发定时器的工作状态变化。

（6）复位功能：可以通过外部信号进行复位操作，将定时器的输出置为低电平。

表 7-6　555 定时器的逻辑功能表

$\overline{R_D}$	u_{TH}	$u_{\overline{TR}}$	u_O	VT 的状态
0	×	×	0	导通
1	$>\frac{2}{3}V_{CC}$	$>\frac{1}{3}V_{CC}$	0	导通
1	$<\frac{2}{3}V_{CC}$	$>\frac{1}{3}V_{CC}$	保持状态不变	不变
1	$<\frac{2}{3}V_{CC}$	$<\frac{1}{3}V_{CC}$	1	截止

二、555 定时器构成多谐振荡器

1. 电路组成

图 7-20 所示是由 555 时基电路组成的一个典型多谐振荡器，外接的 R_1、R_2 和 C 为多谐振荡器的定时元件，第 2 脚和第 6 脚连接在一起并对地外接电容 C，第 7 脚放电三极管 VT 的集电极接 R_1、R_2 的连接点。

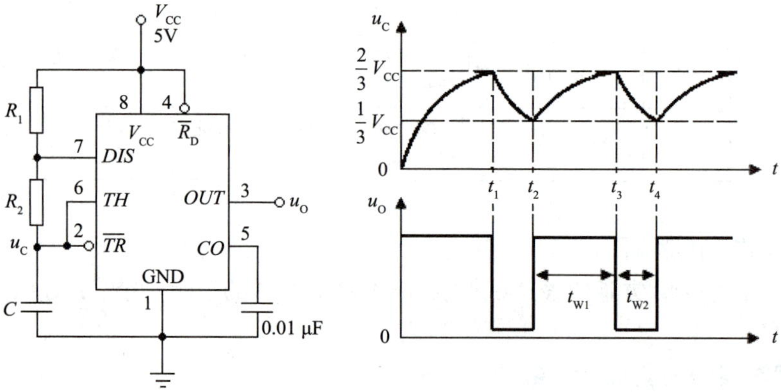

图 7-20　555 定时器构成多谐振荡器

2. 工作过程

设接通电源前，定时电容 C 上的电压 u_C 为 0，所以刚刚接通电源时，$u_C=u_{TH}=u_{\overline{TR}}<\frac{1}{3}V_{CC}$，定时器被置成高电平，输出端 u_O 为高，电路处于第一暂稳态。放电端断开。

接通电源后，电源电压通过（R_1，R_2）对 C 充电。充电回路为 $V_{CC}\to R_1\to R_2\to C\to$ GND，使 u_C 逐渐升高。

随着电容 C 充电，当 $u_C>\frac{2}{3}V_{CC}$ 时，比较器 C_1 翻转，触发器复 0，VT 导通，输出 u_O 由高电平转为低电平，电路进入第二暂稳态。

由于 VT 导通，u_C 通过 R_2 放电。放电回路为 $C\to R_2\to$ VT $\to$ GND，使 u_C 逐渐下降。

随着电容 C 放电，当 $u_C<\frac{1}{3}V_{CC}$ 时，比较器 C_2 翻转，触发器再次置成高电平，输出 u_O 由

低电平转为高电平，电路又进入第一暂稳态。

以后重复以上过程，形成振荡，在输出端 u_O 输出矩形脉冲电压。

3. 输出脉冲周期

电容充电形成的第一暂稳态时间为：

$$t_{W1}=0.7(R_1+R_2)C$$

电容放电形成的第二暂稳态时间为：

$$t_{W2}=0.7R_2C$$

所以，电路输出脉冲的周期为：

$$T=t_{W1}+t_{W2}=0.7(R_1+2R_2)C$$

三、555 定时器构成单稳态触发器

1. 电路组成

图 7-21 所示的是由 555 时基电路组成的一个单稳态触发器，外接的 R、C 为定时元件，外加触发脉冲 u_I 于第 2 脚，第 6 脚与第 7 脚放电三极管 VT 的集电极相连，并连接 R、C 之间。

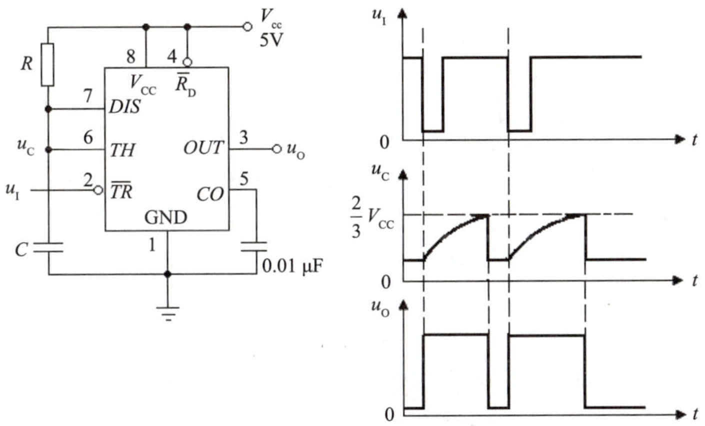

图 7-21 555 定时器构成单稳态触发器

2. 工作过程

接通电源的瞬间，电路有一个稳定的过程，即电源通过 R 向 C 充电，使电容 C 两端的电压上升。

当 $u_C>\frac{2}{3}V_{CC}$ 时，触发器置 0，555 内的放电三极管 VT 导通，输出为低电平。此时，电容 C 通过放电三极管 VT 放电，电路进入稳态。

当电路触发输入端 u_I($\overline{TR}$)加入一个符合要求的负触发脉冲后，由于 $\overline{TR}<\frac{1}{3}V_{CC}$，触发器被置 1，三极管 VT 截止，$u_O$ 输出高电平，电路进入暂态。

此时，V_{CC} 通过 R 对 C 充电，使 u_C 上升。

当$u_C > \frac{2}{3}V_{CC}$时，触发器置0，三极管VT导通，输出低电平。电容C通过三极管VT放电，恢复稳态。

3. 输出脉冲宽度

输出脉冲的宽度t_W等于暂态的持续时间，而暂态的持续时间取决于外接电阻R和电容C的大小。

$$t_W = RC\ln 3 \approx 1.1RC$$

四、555定时器构成施密特触发器

1. 电路组成

如图7-22所示是由555时基电路组成的一个施密特触发器，第2脚与第6脚短接在一起作为输入端。通过此电路可将输入的锯齿波电压或正弦波电压变换成矩形波电压输出。

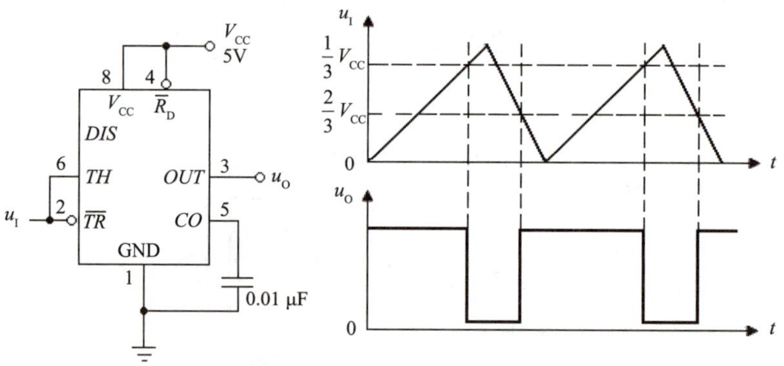

图7-22　555时基电路构成施密特触发器

2. 工作过程

当输入信号$u_I < \frac{1}{3}V_{CC}$时，输出端为高电平，$u_O = V_{CC}$。随着u_I的增加，当$u_I > \frac{2}{3}V_{CC}$时，电路翻转，输出端为低电平，$u_O = 0$。u_I继续增加，电路保持原状态。随着u_I的减小，当$u_I < \frac{1}{3}V_{CC}$时，电路状态又翻转，输出高电平，$u_O = V_{CC}$。

任务拓展

随着技术的不断进步，数字时钟电路也在不断升级和改进。如果要对电路进行拓展或升级，可以考虑以下几个方面。

（1）增加功能：例如加入闹钟功能、定时器功能等。这需要增加相应的元件和控制逻辑。

（2）提高精度：如果需要更高精度的计时，可以考虑使用更高精度的晶振或更先进的计数器。

（3）小型化设计：为了使电路更适用于便携设备，可以考虑小型化设计，减少不必要的元件，优化电路布局。

（4）智能化：加入微控制器，通过编程实现更多智能化功能，如联网校时、语音报时等。

拓展阅读

数字钟里的时光智慧与人生启示

在学习数字钟电路的知识时，我们不妨从历史人物和科学家的故事中汲取力量。

古希腊哲学家赫拉克利特曾说：“人不能两次踏进同一条河流。”时间如流水般不停向前，数字钟精准地记录着每一秒的流逝。古往今来，许多科学家致力于对时间的精确测量和把握。北宋时期的苏颂，发明了水运仪象台，这是一种集观测天象、计时报时等功能于一体的大型天文仪器。苏颂以其严谨的科学态度和卓越的创新精神，为后人留下了宝贵的财富。

在数字钟电路的设计与制作过程中，我们也需要秉持严谨认真的态度。每一个电子元件的选择、每一条线路的连接都至关重要。就如同科学家们在探索未知的道路上，不放过任何一个细节。同时，团队合作在数字钟电路的项目实践中也尤为重要。正如许多伟大的科学成就都是众多科学家共同努力的结果，我们要学会与同学相互协作、取长补短，共同攻克技术难题。

同学们，当我们深入学习数字钟电路的知识时，要以苏颂等科学家为榜样，培养严谨的科学态度、创新精神和团队合作意识，让数字钟不仅记录时间，更见证我们的成长与进步，为我们的未来奠定坚实的基础。

习题检测

一、填空题

1. 计数器按计数脉冲的输入方式不同，可分为__________计数器和__________计数器。按计数过程中数值的变化顺序（递增或递减），可分为__________计数器和__________计数器。

2. 计数器除了直接用于计数外，还可用于__________和__________。

3. 计数器按技术长度，分为______进制计数器、______进制计数器和__________进制计数器。

4. 数字电路正常工作需要很多符合要求的脉冲信号。这些脉冲信号的获得一般有两种方法：一种是__________；另一种是对已有的__________。

5. 脉冲波形产生与变换电路的种类很多，但一般都以________________、单稳态触发器、____________和____________为基础。

6. 多谐振荡器输出__________波形，当要求频率稳定度更高时，可以采用__________振荡器。

7. 单稳态触发器只有一个稳定状态，另一个状态是不稳定的，称为__________。它平时处于______________状态，在外加触发脉冲作用下，能从______________状态翻转到____________状态。

8. 施密特触发器又称为__________，其电压传输特性具有__________。

9. 多谐振荡器能输出__________信号，该电路的输出不停地在_________状态和__________状态间翻转，没有__________状态，所以又称为__________。

10. 单稳态触发器在触发脉冲的作用下，从__________转换到_________；依靠__________作用，自动返回到__________。

11. 单稳态触发器在数字电路中，常用于脉冲的__________、_________和__________。

12. 施密特触发器有__________稳态，电路从_________翻转到__________，然后再从______翻转到__________，两次翻转所需的__________是不同的。

13. 施密特触发器属于__________稳态电路，它的回差现象是指____。主要用途有__________、__________、__________等。

14. 常用的脉冲整形电路有__________和_________。

15. 555 定时器是一种功能强，使用灵活，适用范围宽的电路，可用做__________、__________、__________等。

二、选择题

1. 用 n 个触发器构成计数器，可得到的最大计数长度为(　　)

A. n　　B. $2n$　　C. n^2　　D. 2^n

2. 一位 8421BCD 计数器，至少需要(　　)个触发器。

A. 3　　B. 4　　C. 5　　D. 10

3. 经过有限个 CP，可由任意一个无效状态进入有效状态的计数器是(　　)自启动的计数器。

A. 能　　B. 不能　　C. 不一定能　　D. 以上都不对

4. 在相同的时钟脉冲作用下，同步计数器与异步计数器比较，工作速度(　　)。

A. 较快　　B. 较慢　　C. 一样　　D. 差异不确定

5. 一个八进制计数器，最多能记忆(　　)个脉冲。

A. 7　　B. 8　　C. 9　　D. 16

6. 多谐振荡器是一种自激振荡器，能产生(　　)。

A. 矩形脉冲波　　B. 三角波　　C. 正弦波　　D. 尖脉冲

7. 单稳态触发器一般不适用于(　　)。

A. 定时　　B. 延时

C. 脉冲整形　　D. 自激振荡产生脉冲波

8. 单稳态触发器的输出脉冲的宽度取决于(　　)。

A. 触发信号的周期　　B. 触发信号的幅度

C. 电路的 RC 时间常数　　D. 触发信号的波形

9. 施密特触发器一般不适用于(　　)。

A. 延时　　B. 波形变换　　C. 波形整形　　D. 幅度鉴别

10. 555 定时器是(　　)。

A. 计数器　　B. 定时器　　C. 存储器　　D. 数码选择器

11. 施密特触发器的特点是(　　)。

A. 没有稳态　　B. 有两个稳态

C. 有两个暂稳态　　D. 有一个稳态和一个暂稳态

12. 回差是(　　)电路的主要特性参数。

A. 时序逻辑　　B. 施密特触发器　　C. 单稳态触发器　　D. 多谐振荡器

13. 能把缓变输入信号转换成矩形波的电路是(　　)。

A. 单稳态触发器　　B. 多谐振荡器　　C. 施密特触发器　　D. 边沿触发器

14. 集成 555 定时器外接 R、C 元件构成多谐振荡器，为了提高振荡频率，应该(　　)。

A. 增大 R、C 的取值　　B. 减小 R、C 的取值

C. 增大 R、减小 C　　D. 减小 R、增大 C

15. 555 定时器构成施密特触发器时，外加触发信号应接到(　　)。

A. 高电平触发端　　B. 低电平触发端

C. 高、低电平触发端的公共连接端　　D. 复位端

三、判断题

1. 同步计数器中各触发器时钟是连在一起的，异步计数器各时钟不连在一起的。(　　)
2. 在异步技术其中各触发器不可能同时翻转。(　　)
3. 同步计数器中各触发器是同时更新状态的。(　　)
4. 脉冲跃变后的值比初始值高，则为正脉冲。(　　)
5. 多谐振荡器输出的信号为正弦波。(　　)
6. 单稳态触发器只有一个稳态，没有暂稳态。(　　)
7. 施密特触发器的状态转换及维持取决于外加触发信号。(　　)
8. 7555 定时器是用 CMOS 工艺制作的集成电路。(　　)
9. 对初学者来说，可把 555 集成电路等效为一个带放电开关的 RS 触发器。(　　)
10. 最常用的脉冲信号是矩形脉冲信号。(　　)

学习情景 8

仿真技术基础

一个电路设计完成之后需要对其功能进行验证，此时就需要仿真技术（EWB），在众多的仿真软件中，Multisim 软件是一个较好的选择，用它来仿真电路，不仅方便、快速，而且非常直观，下面就以 Multisim 12 版本来认识仿真技术。

Multisim12 仿真技术基础

一、Multisim 12 系统简介

Multisim 12 是美国国家仪器公司（National Instruments，NI）推出的 EWB 软件。Multisim 软件可以对电工电路、模拟电路、数字电路、射频电路、单片机电路等电路进行仿真，克服了传统电子产品的设计受实验室客观条件限制的局限性。用虚拟的元件搭建各种电路，用虚拟的仪表进行各种参数和性能指标的测试，花费少、效率高，而且结果快捷、准确、形象。在电子工程设计和电子类教学领域中得到广泛应用。

利用 Multisim 12 可以实现计算机仿真设计与虚拟实验，与传统的电子电路设计与实验方法相比，具有如下特点：设计与实验可以同步进行，可以边设计边实验，修改调试方便；设计和实验用的元器件及测试仪器仪表齐全，可以完成各种类型的电路设计与实验；可方便地对电路参数进行测试和分析；可直接打印输出实验数据、测试参数、曲线和电路原理图；实验中不消耗实际的元器件，实验所需元器件的种类和数量不受限制，实验成本低，实验速度快，效率高；设计和实验成功的电路可以直接在产品中使用。

二、Multisim 12 的基本界面

1. Multisim 的主窗口

点击“开始”→“程序”→“National Instruments”→“Circuit Design Suite 12.0”→“Multisim12.0”，启动 Multisim 12，可以看到如图 8-1 所示的 Multisim 12 的主窗口。

从图 8-1 可以看出，Multisim 12 的主窗口如同一个实际的电子实验台。屏幕中央区域最大的窗口就是电路工作区，在电路工作区上可将各种电子元器件和测试仪器仪表连接成实验电路。电路工作窗口上方是菜单栏、工具栏。从菜单栏可以选择电路连接、实验所需的各种命令。工具栏包含了常用的操作命令按钮。通过鼠标器操作即可方便地使用各种命令和实验设备。电路工作窗口两边是元器件栏和仪器仪表栏。元器件栏存放着各种电子元器件，仪器仪表栏存放着各种测试仪器仪表，用鼠标操作可以很方便地从元器件和仪器库中，提取实验所需的各种元器件及仪器、仪表到电路工作窗口并连接成实验电

路。按下电路工作窗口的上方的“启动 / 停止”开关或“暂停 / 恢复”按钮可以方便地控制实验的进程。

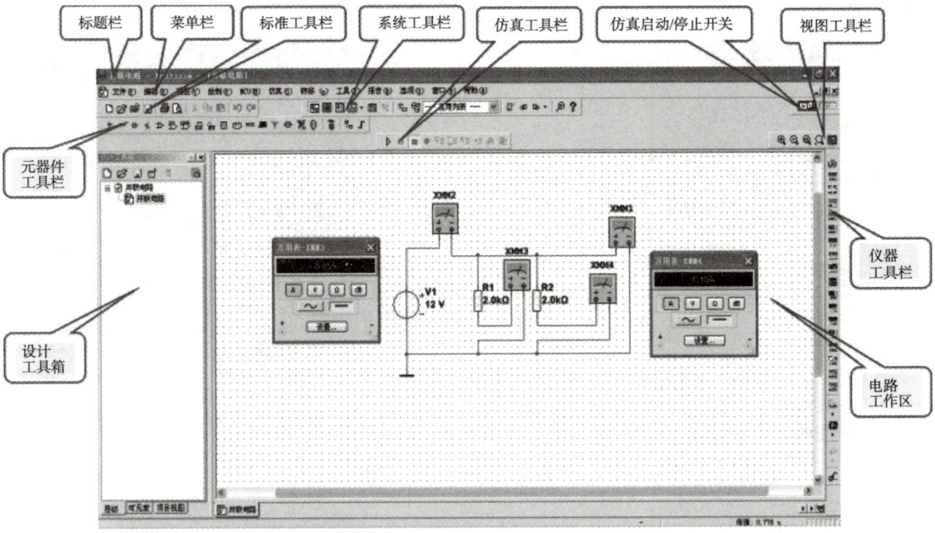

图 8-1　Multisim 12 的主窗口

2. Multisim 12 菜单栏

Multisim 12 主菜单如图 8-2 所示，菜单中提供了本软件几乎所有的功能命令。

图 8-2　Multisim 12 菜单栏

本课程中经常用到的主要是文件、编辑、视图、绘制、仿真及选项菜单。

（1）文件（F）菜单。文件菜单提供如图 8-3 所示操作命令，如打开、保存等。

（2）编辑（Edit）菜单。编辑菜单在电路绘制过程中，提供对电路和元件进行剪切、粘贴、旋转等操作命令，如图 8-4 所示。

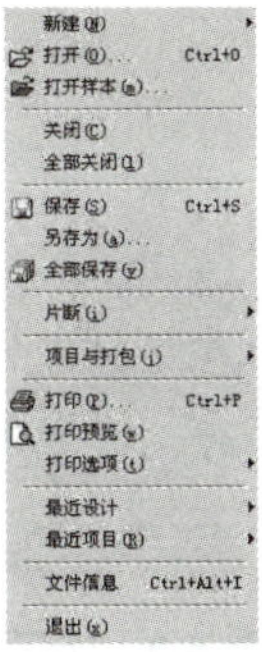

图 8-3　文件（F）菜单

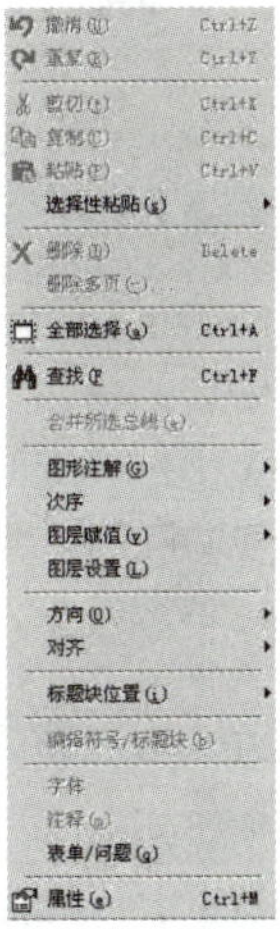

图 8-4　编辑菜单

（3）视图菜单。视图菜单提供用于控制仿真界面上显示的内容的操作命令，如图8-5 所示。

（4）绘制（Place）菜单。绘制菜单提供在电路工作窗口内放置元件、连接点、总线和文字等命令，如图 8-6 所示。

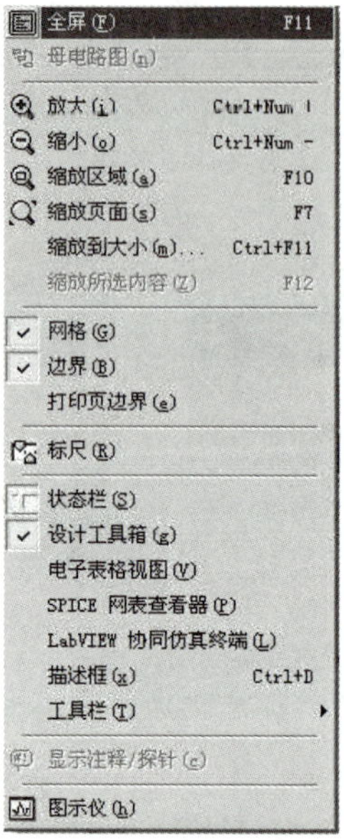

图 8-5　视图菜单

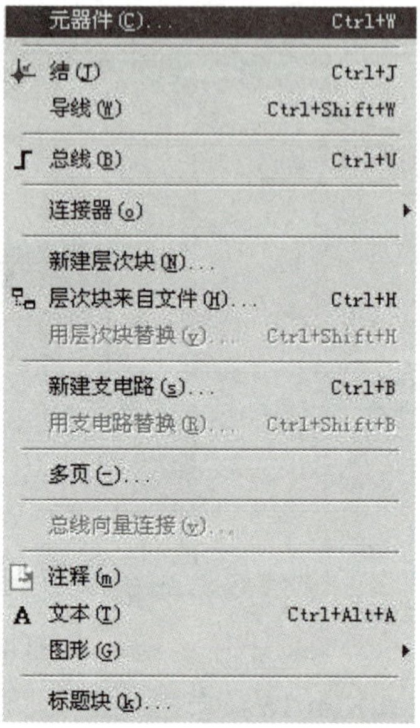

图 8-6　绘制菜单

（5）仿真（Simulate）菜单。仿真菜单提供电路仿真设置与操作命令，如图 8-7 所示。

（6）选项（Option）菜单。选项菜单提供电路界面和电路某些功能的设定命令，如图 8-8 所示。全局偏好一般用来设置元器件布局模式及符号标准，具体界面如图 8-9 所示。其中，ANSL 表示设定采用美国标准元器件符号；DIN 表示设定采用欧洲标准元器件符号。

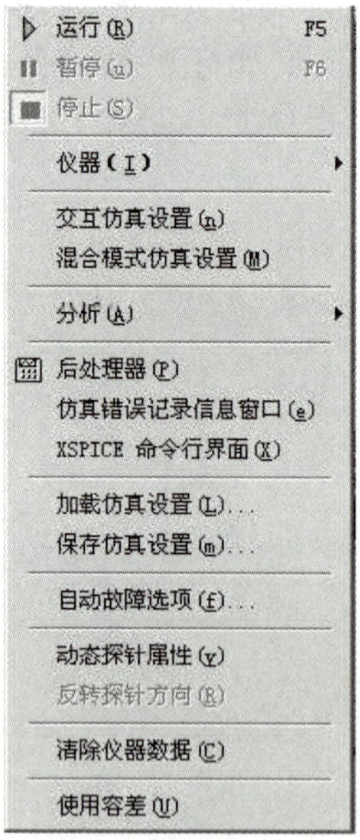

图 8-7　仿真菜单

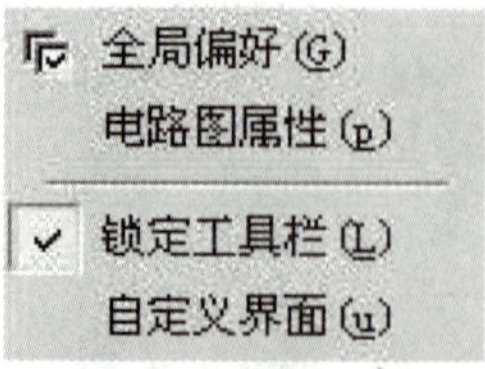

图 8-8　选项菜单

电路图属性包括了“电路图可见性”“颜色”“工作区”“布线”“字体”“PCB”“图层设置”7 部分，“电路图可见性”具体界面如图 8-10 所示。“颜色”具体界面如图 8-11 所示。“工作区”具体界面如图 8-12 所示。按照提示设置自己所需项目即可。

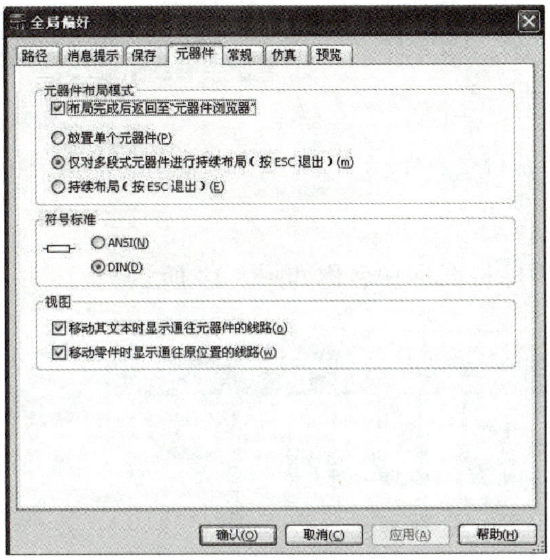

图 8-9　全局偏好界面

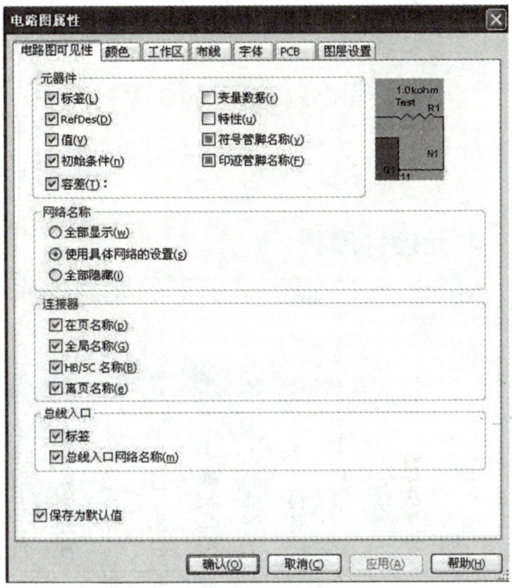

图 8-10　电路图属性→“电路图可见性”

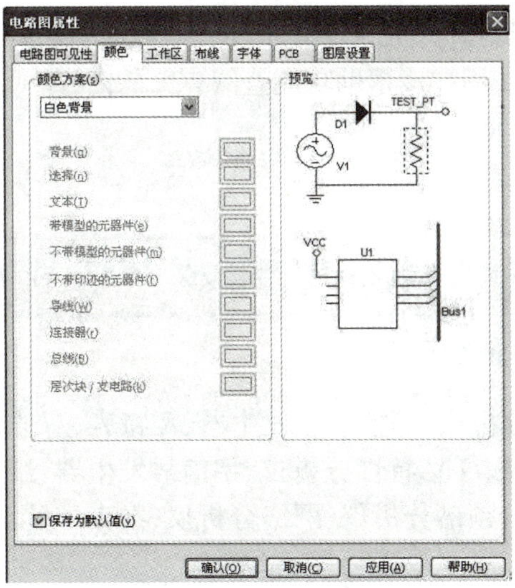

图 8-11　电路图属性→“颜色”

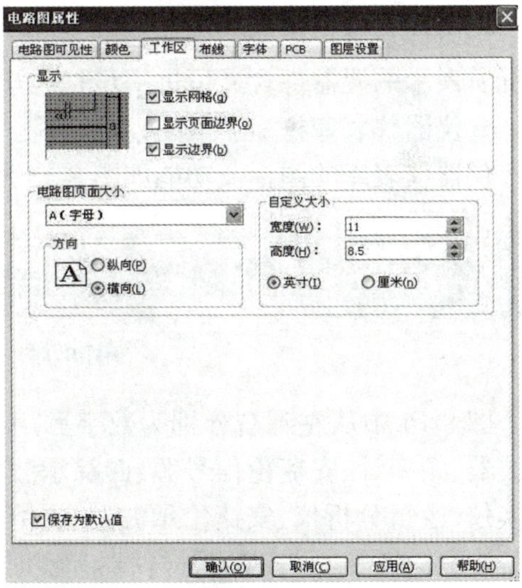

图 8-12　电路图属性→“工作区”

3. 工具栏

Multisim 12 常用工具栏各图标名称及功能说明如图 8-13 所示。

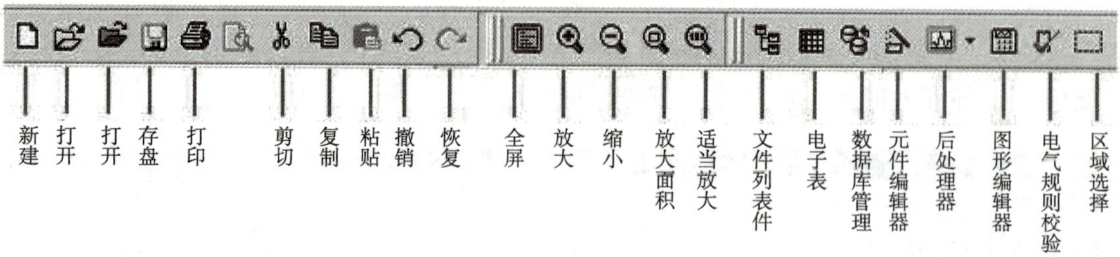

图 8-13　Multisim 12 工具栏

4. 元器件库栏

Multisim 12 提供了丰富的元器件库,元器件库栏图标和名称如图 8-14 所示。

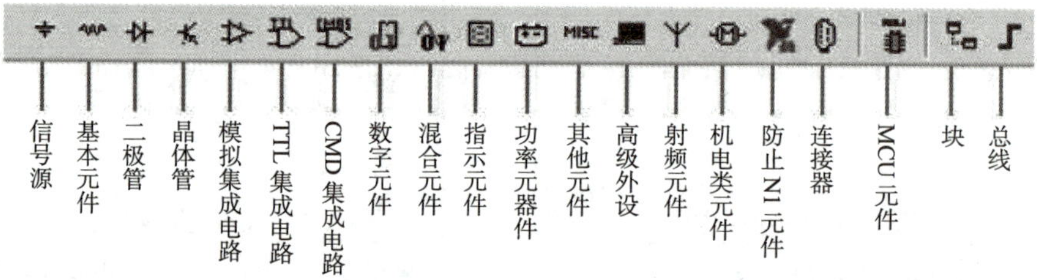

图 8-14　元器件库栏

用鼠标左键单击元器件库栏的某一个图标即可打开该元件库。常用元器件库中的各个图标所表示的元器件含义可进一步扫码学习,还可使用在线帮助功能查阅有关的内容。

5. 仪器仪表库栏

仪器仪表库的图标及功能如图 8-15 所示。

图 8-15　仪器仪表库的图标

图 8-15 中从左到右分别为数字万用表、失真分析仪、函数信号发生器、瓦特表、双通道示波器、频率计、安捷伦信号源、四踪示波器、扫频仪、I-V 特性分析仪、字信号发生器、逻辑转换仪、逻辑分析仪、安捷伦示波器、安捷伦万用表、频谱分析仪、网络分析仪、泰克示波器、电流检测探针、LabVIEW 采样仪器和实时测量探针。

Multisim 的虚拟仪器仪表,大多与真实仪器仪表相对应, 虚拟仪器仪表面板与真实仪器仪表相面板类似,用户可根据需要测量的参数选择合适的仪器,将其拖到电路窗口,并与电路连接。

参考文献

[1] 张金华. 电子技术基础与技能[M].3 版. 北京：高等教育出版社，2019.

[2] 曹建林，魏巍. 电工电子技术[M]. 北京：高等教育出版社，2019.

[3] 陈其纯. 电子线路[M]. 北京：高等教育出版社，2001.

[4] 高卫斌，李传珊. 电子技术基础与技能[M]. 北京：电子工业出版社，2010.

[5] 王迎尉，王鑫荣. 电子线路[M]. 西安：西北大学出版社，2009.

[6] 康华光. 电子技术基础数字部分[M].5 版. 北京：高等教育出版社，2006.

[7] 俞雅珍. 电子工艺技术[M].2 版. 上海：复旦大学出版社，2007.

[8] 陈振源. 电子线路[M]. 北京：高等教育出版社，2006.

[9] 卢艳红. 基于 Multisim 10 的电子电路设计、仿真与应用[M]. 北京：人民邮电出版社，2009.

[10] 雷跃，谭永红. NI Multisim 11 电路仿真应用[M]. 北京：电子工业出版社，2019.

本书教学内容的参考电路及电路仿真详情可扫下方二维码进行学习。

参考电路　　电路仿真